★ 探索未知丛书

新闻出版总署向全国少年儿童推荐的百种优秀图书

海科普图书创作出版专项资助
海市优秀科普作品

海洋开发

林俊炯 编写

U0207494

少年儿童出版社

序

　　"探索未知"丛书是一套可供广大青少年增长科技知识的课外读物，也可作为中、小学教师进行科技教育的参考书。它包括《星际探秘》《海洋开发》《纳米世界》《通信奇迹》《塑造生命》《奇幻环保》《绿色能源》《地球的震颤》《昆虫与仿生》和《中国的飞天》共10本。

　　本丛书的出版是为了配合学校素质教育，提高青少年的科学素质与思想素质，培养创新人才。全书内容新颖，通俗易懂，图文并茂；反映了中国和世界有关科技的发展现状、对社会的影响以及未来发展趋势；在传播科学知识中，贯穿着爱国主义和科学精神、科学思想、科学方法的教育。每册书的"知识链接"中，有名词解释、发明者的故事、重要科技成果创新过程、有关资料或数据等。每册书后还附有测试题，供学生思考和练习所用。

　　本丛书由上海市老科学技术工作者协会编写。作者均是学有专长、资深的老专家，又是上海市老科协科普讲师团的优秀讲师。据2011年底统计，该讲师团成立15年来已深入学校等基层宣讲一万多次，听众达几百万人次，受到社会认可。本丛书汇集了宣讲内容中的精华，作者针对青少年的特点和要求，把各自的讲稿再行整理，反复修改补充，内容力求新颖、通俗、生动，表达了老科技工作者对青少年的殷切期望。本丛书还得到了上海科普图书创作出版专项资金的资助。

上海市老科学技术工作者协会

编委会

主 编：

贾文焕

副主编：

戴元超　刘海涛

执行主编：

吴玖仪

编委会成员：（以姓氏笔画为序）

王明忠　　马国荣　　刘少华　　刘允良　　许祖馨

李必光　　陈小钰　　周坚白　　周名亮　　陈国虞

林俊炯　　张祥根　　张　辉　　顾震年

目　录

引　言

　　科学家曾预言 21 世纪将是海洋世纪。这是因为：世界人口增长已呈爆发性增长——从 3 亿增长为 30 亿，经历了漫长的 1700 年；而从 30 亿增长为 60 亿，仅用了短短 30 年。同时，地球陆地资源日益枯竭。例如世界陆地石油储存，仅够用几十年，将于 21 世纪消耗殆尽。

　　然而，浩瀚的海洋还未充分开发，它是离我们最近的巨大宝库。

　　过去，海洋曾是孕育生命的摇篮。今后，海洋将是维系生存的所在。海洋开发已成为世界各国重视的战略课题。向海洋要宝，就是我们共同的愿望。

　　海洋，浩瀚无垠。海洋所拥有的水量更是大得惊人！有多大呢？让我们想象一下吧：如果把陆地上最高的喜马拉雅山削平，去填最深的海沟（最深 11 034 米），同时把硬地壳修整为标准的圆球形，那么，被挤出来的海水将全部覆盖地球，而且深达 2400 米！如此广大的面积，如此巨大的水量，它仅仅是水吗？不，它是巨大的宝库！

　　亲爱的少年朋友们，海洋是我们可以施展身手的广阔天地。祖国需要大批海洋科学家、海洋科学工作者。让我们一起走近海洋，了解海洋的宝藏和开发海洋方面的知识，为将来投身海洋事业做好心理和知识的准备吧！

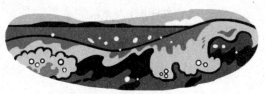

一、向海洋要能源

石油是当今世界最普遍应用的能源。它被称为"工业的血液"。

地球陆地上已探明的石油，将在本世纪消耗殆尽。据欧佩克统计（2003年），全球石油产量为日产6709万桶，而日消费量为7490万桶。已探明的全球石油储量为11 376亿桶，可以供世界消耗多少个时日，是可以计算的。随着陆地石油量锐减，人们才不得不把目光转向海洋，发现在大陆架浅海海底及大陆架以外的深水海域都有丰富的石油资源。石油勘探从浅海逐步发展到深海是必然趋势。

除了石油，近年来科学家还在海底发现了一种新的能源——天然沼气水合物。它的资源量初步估计有1.8亿亿立方米，约合1.1万亿吨，据说可供人类用十几万年。

1997 年，科学家又在大西洋海底发现了一个固态甲烷储藏地，储藏量相当于 150 亿吨煤炭。

海底有这么多的能源，加上潮汐能、波浪能、海流能、热能、盐能，只要开发一部分，地球上就不再会有能源危机了。海洋真是一座取之不尽的能源宝库。

石油和天然气

世界海洋石油有多少储量，目前还不清楚。过去，人们以为海洋石油主要蕴藏在大陆架浅海海底。现在，人们了解到大陆架以外的深水海域也蕴藏着石油。

许多水深超过 5000 米、离岸 1500 千米以上的小洋盆或边缘洋盆，如墨西哥湾、地中海、南中国海、日本海、鄂霍次克海和印度尼西亚海域的深海部分，都可能蕴藏着石油。将来可能发现的油气藏量，大致有 1/3 在陆地上，1/3 在大陆架，还有 1/3 在深海和南、北极区域。这样一来，人们开采海洋石油的积极性就越来越高涨。21 世纪，大规模的石油生产基地，无疑将出现在海上。人类向海洋寻找石油，正从浅海转向深海。

地处加勒比海的古巴，原来是一个贫油国家。1971 年，苏联帮助古巴在距海岸 8000 米处找到了油源，每天生产 7.5 万桶原油，品质也较低。2004 年 7 月，古巴又在西班牙一个石油公司帮助下，于北部海岸 32 千米处的深海中找到一

座优良油田，有 5 处高质量油层。如今，古巴在对 12 平方千米的油区进行开发，前景十分诱人。

天然气是一种无色无味的气体，成分主要是甲烷。甲烷含碳量极高，极易燃烧，能放出大量的热量。1000 立方米天然气的热量，可相当于 2.5 吨煤燃烧放出的热量。

中国陆地的石油、天然气在世界各国中并不属于高储量行列。从海洋的储量来看，我国海洋石油资源量约 240 亿吨，天然气资源量约 14 万亿立方米。

海洋环境和陆地环境不同，它的开采难度是显而易见的。在海洋开采石油、天然气，重要的是建造出能抗海洋风浪的石油开采平台。

随着海上采油的作业向海洋深处发展，20 世纪 90 年代起，不少石油平台的水深已从不足 200 米增加到 200～250 米，并逐渐向更深的海域转移。例如，英国采用深海浮动钻探技术和遥控潜水技术在海底建立油井，竟然能在水下 2000 多米的海底采油。

我国海南流花油田

在深海区美国又建成海底采油装置，把采油系统、油气分离系统、储油装置完全置于海底。它们的安装、保养、维修和操作大部由乘坐专用潜水器的工程技术人员完成，再由遥控机器人来操作。现在，世界各个洋底已有近千个海底采油装置活跃于海底采油。

我国海南流花油田也采用水下机器人承担海底采油，在浮式石油平台上用多功能液压系统对水下作业进行遥控。

海洋石油开采，还需要一种庞大的"海上浮式生产储油装置"，简称 FPSO。它是一个装了炼油设备的没有动力的船，采用单点系泊模式在海面上固定。FPSO 通常与钻油平台或海底采油系统组成一个完整的采油、原油处理、储油和卸油系统。作业原理是：通过海底输油管线接受从海底油井中采出的原油，并在船上进行处理，然后储存在货油舱内，

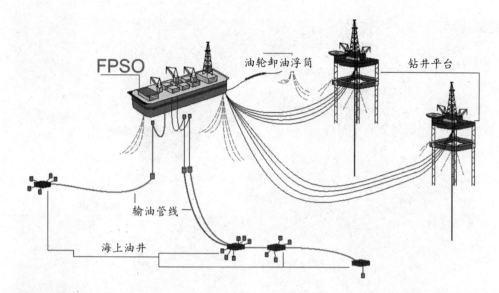

FPSO 　　油轮卸油浮筒　　　钻井平台

输油管线

海上油井

最后通过卸载系统输往穿梭油轮。

知识链接

　　东海盆地是我国近海的一个大型新生代沉积盆地，总面积25万平方千米。目前已发现4个油气田和6个含油气构造。平湖气油田已于1998年底投产，实现了向上海市供气。首期工程4亿立方米，2005年达40亿立方米，2010年达100亿立方米。

　　FPSO是当今海上石油、天然气等能源开采、加工、储藏、外运设施的主流形式，适用于20～2000米不同水深和各种环境的海况。目前世界上正在运行或建造中的FPSO有近百座。中国对FPSO的研发起步于20世纪80年代，目前的设计与建造技术已接近世界一流水平。

核燃料的仓库

　　自从1952年苏联建造了第一座核电站发电，半个多世纪以来全世界已经出现了400多座核电站（其中中国已建9座，装机容量6600万千瓦）。

核电站的"燃料"不是煤，而是核裂变材料铀-235。1千克铀-235的能量相当于2300吨煤提供的能量。1千克天然铀-235（含0.7%铀-235）可代替煤20～30吨。1千克低浓缩铀（含3%铀-235）可代替煤100吨。若建一座100万千瓦的电站，一年耗煤要300多万吨，而若用低浓缩铀，一年仅需30吨。由此可见，燃煤的火电站要每天有一艘万吨轮或者160节火车皮的车辆供给煤，而使用核燃料仅每年一次运送30吨低浓缩铀-235就可以了。

核燃料不仅能量大，而且是清洁能源。核电站在运转时不排放一氧化碳、二氧化硫、氮氧化物等有害气体和微粒，也不排放产生温室效应的二氧化碳。而一座100万千瓦的燃煤电站，每年将排放300万吨有害气体和固体微粒。

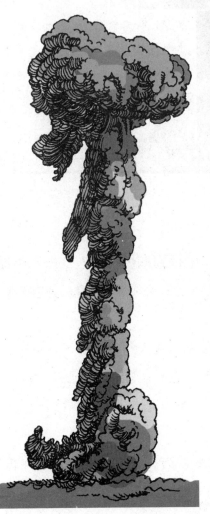

核燃料是从铀矿石中提炼出来的。地球陆地上可供开采的铀矿仅150万吨不到。这种核燃料在海洋的海水中大量存在。每1升海水中存有3.3微克铀，整个海洋中铀的存量就达45亿吨左右，是陆地储量的1000倍。科学家发现还有一种核能，那就是用锂和重水（氘、氚）进行核聚变。核聚变发电可以产生更大的能量。估计到2013年可能建成世界上第一个核聚变反应堆。海水中锂的含量为0.17毫克/升，估计有2300亿吨。海水中重水浓度为159毫克/升，储存量大约有200亿吨。这些数字告诉我们：

什么是核电

核电是利用核能把水加热转化成蒸汽，推动气轮发电机组发电的一种形式。

核能是原子核结构发生变化时释放出的能量。它又分为两种：裂变能和聚变能。一个重的原子核通过分裂变成两个较轻的原子核，这时原子核的结构发生了变化，所释放的能量叫核裂变能；两个原子核通过聚合变成一个较重的原子核，这时原子核结构也发生了变化，所释放的能量叫核聚变能。

目前世界上核电站已达 400 余座（分布在 31 个国家），总装机容量 364.6 百万千瓦，占世界总发电量的 16%。其中法国核电站较发达，共拥有 59 座，占全国发电总量的 78%。韩国有 18 座核电站，占全国发电总量的 40%。美国核电站绝对量为世界最多，达 104 座，但只占全国发电总量的 20%。日本也有核电站 54 座，占全国发电总量的 25%。

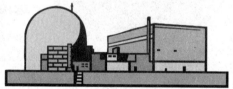

海洋是名符其实的核燃料大仓库。

怎样才能从海洋这个"核燃料仓库"中得到核燃料呢？从海水中提取铀，不是一件容易的事情。人们要获得 3 克铀，必须处理 100 万吨海水。这样的工作量简直就是"大海捞针"。

科学家设法寻找具有吸附铀的特性物质。功夫不负有心人，人们终于找到了一些能吸附铀的物质，如方铅矿、氢氧化碳等无机物，还有人工合成的有机吸附剂，像 AHP 凝胶树脂、酰胺肟树脂、有机离子交换树脂，也能吸附铀。

方铅矿石每克能吸附 0.69 克铀。比如，方铅矿石浸泡在碳酸铀的水溶液中，一个小时后铀就进入这种溶液中，可以进行下一步的提取了。

这种矿石"独具慧眼",只吸附铀,对海水中其他元素"不理不睬",选择瞄准性很强。而且吸附的铀被取出后,它还能被再次使用。

人工合成的有机吸附剂效率更高,但成本也高。所以,科学家在设法降低树脂制造的成本,提高树脂的利用次数。

德国科学家发现一种海藻也有吸附铀的本领。经过培养,它的吸铀本领一经发挥,其体内含铀量竟然能比海水含铀量高一万倍以上。然后人们把富油的海藻收起来,采用离子交换法,把铀从海藻中分离出来,为海中提铀又开辟了一条价廉效高的新途径。海水提铀的光明前景,显示人类要打开核燃料仓库的大门,必须先进行细致艰苦的科学试验。

可燃烧的"冰"

普通的冰是由水凝结而成的。俗话说,水火不相容,可在海洋里有一种"冰"却可以燃烧。这是科学家近年来在海洋的岸壁和海底发现的一种新的能源——天然气水合物。它是一种白色固体物质,外形像冰,闪着蓝色光芒。如果用一根火柴点一下,它会燃烧起来。因此,有人就称它为"可燃冰"。其实它是一种天然气水合物,是由水分子和甲烷分子组成。由于其能量高、分布广、埋藏浅、规模大等特点,因此有可能

知识链接

可燃冰是怎样形成的

就像小河的河底有机沉积物会冒出可燃烧的沼气一样,海洋沉积物中含有许多有机物质,它们在细菌的降解作用下,也会生成大量的甲烷、乙烯等可燃气体。这些气体和沉积物中的水混合。当水深大于500米,压力大到50个大气压以上时,它们就会形成一种冰糕状的固态物质,保存在海底和海壁,这就是可燃冰。海洋的面积浩大,因此成片的可燃冰是大自然留给人类的一笔巨大的能源财富。

燃烧的可燃冰

成为 21 世纪的重要能源。

海洋里的天然气水合物的资源量初步估计有 1.8 亿亿立方米，约合 1.1 万亿吨，据说可供人类用十几万年。

每立方米可燃冰可以释放出 164 立方米的甲烷气体。科学家估算，海洋里的可燃冰的燃烧热量总值可以达到地球陆地所有煤、石油、天然气总热量的 2 ～ 3 倍呢！可燃冰是一种十分清洁的能源。燃烧时，它不会排放有害气体，最后留下来的只是清洁的淡水。

但是，为什么可燃冰至今没有人去开发呢？这是因为可燃冰覆盖在海底，一旦大面积地去挖凿，有可能会造成泥石流般的崩塌，对海洋环境造成严重的影响。并且，开发可燃冰的工具、方式以及储存、运输、利用方式也还未深入地进行研究。不过，美国、加拿大和日本对可燃冰利用的研究已经有了重大的进展。美国科学家还想在 2015 年前实现"可燃冰"的商业化开发呢！

请读者想一想，你对可燃冰的开发和利用，能够提出哪些建议呢？

潮汐发电

你到过浙江海宁，观赏过那里的钱塘江大潮吗？农历八月十五时，那儿的海潮特大，远处隐约的浪涛中夹杂着撼人心魄的轰鸣声，突然之间，一条可见的白色长堤滚滚奔来，似千军万马奔腾轰鸣。几米高的潮头，呼啸狂奔，惊心动魄，使人叹服大自然神奇无比的伟大力量。

　　海洋里的潮汐就像是大海的"呼吸"，有一定的规律。白天涨的称"潮"，夜间落则称"汐"。潮汐的产生是因为月亮对地球的引力。对着月亮一面的海水凸向月亮，背着月亮一边的海水就凹下去了。每天会有规律地发生两次涨潮、两次退潮。海洋这种的"呼吸"产生了巨大的潮汐能。科学家估算地球潮汐蕴藏着 27 亿千瓦的能量。

　　面对这么一笔巨大的潮汐能，我们将怎样利用它呢？

　　唐朝时，人们就开始利用潮汐带动木转轮磨谷物。英国人在 11 世纪就利用潮汐带动水轮磨小麦、锯木、提升货物了。

　　1913 年，法国科学家淮恩诺德在斯特兰岛和法国大陆间建 2.8 千米大坝，坝上建一座实验电站。它采用单向运行方式，只在落潮时运行发电，每天只能发电 10 小时，还是未能充分利用潮汐能。

　　1967 年，法国人在朗斯河口建造了一座单库双向型发电站，只建

潮汐发电

一个水库和一条堤坝，涡轮机和发电机组都能正反向运转，这样，涨落潮时就都能发电了。朗斯电站虽只有 25 万千瓦功率，但它的成功增添了人们利用潮汐发电的信心。

一年后，苏联在巴伦支海基斯洛湾建的发电站也投入了运行。安装 400 千瓦双向贯流式水轮机组，采用与其他电站联网供电方法，成功地解决了因潮水涨落带来的潮汐发电电力不稳定的复杂问题。例如，潮汐电站发电高潮时，有关水电站相应减少发电，把水存于水库内，当潮汐电站低落时再补偿发电。其他电站有剩余电力且处于涨潮时，可把潮汐电站机组变成抽水机，用来把围堤内水位提高到比涨潮水位更高水平，当出现用电高峰时，用来发电，这样就不愁潮水不足的困难了。

基斯洛湾潮汐电站还创造了"浮动沉箱施工法"，即采用新的建筑结构，并事先在船坞中造好，然后运往现场，安放在基座上，大大降低了建造费用。

现在，世界上已建设了较大型的潮汐水电站有 24 座，大多采取单库双向型，建设成本有所降低，技术日趋先进。法国在圣马洛湾兴建一座 1000 万千瓦大型潮汐电站。美国和加拿大在芬地湾联合建造了 600 万千瓦潮汐电站。预计到 2020 年，全世界潮汐电站发电量将达到 1000 亿～3000 亿千瓦。

在世界能源日益紧张的情况下，潮汐发电可以解决"燃眉之急"。潮汐能是不消耗燃料、没有污染、不受洪水或枯水影响，用之不竭的再生能源。它在海洋各种能源的利用中是最实惠、最为简便的。

波浪发电

在海边，你看到过汹涌怒涛吗？洋面上真的是"无风三尺浪"。稍有风暴，海面上就会出现惊涛骇浪。历史上曾有如下记载：苏格兰某地

汹涌的海浪

一个巨浪把重约1370吨的庞然大物移动了15米远；法国契波格港的一股巨浪，把一块3.5吨的物体像抛皮球一般掷过了一座6米高的墙壁……狂风恶浪造成的海难更是不计其数。

经科学测试，在1平方米海面上，一起一伏的波浪中，就可获得250瓦的功率，假如用来发电，一天就可产生6千瓦时的电能，足够一个普通家庭一天的用电量。

地球的海洋面积约3.6亿平方千米，全球波浪的平均总功率就有90万亿千瓦，一年就可发电567亿亿千瓦时，相当于当前全世界总电量140万亿千瓦时的近4万倍啊！波浪可真是个不简单的"大力士"！

人们也想驯服放荡不羁的海浪来为人类发电。波浪发电之原理其实很简单：利用波涛带动涡轮发电机运转。可真要驯服海浪却不容易。不过，已有许多国家的科学家在努力尝试了。

1978—1979年，日本海洋科技中心建成了世界上最大的波浪发电船"海明号"。它是一艘长80米、宽12米的平底船。"海明号"平底船的底部有22个开口的空气活塞室。每个空气活塞室的面积有25平方米，每两个空气室放一台涡轮发电机。各空气室的空气被波浪的起伏运动压缩和扩张时，经过喷嘴形成高速气流，冲击直径1.4米的涡轮机，使之

"点头鸭"式波浪发电

  1973 年，英国的索尔特教授采用鸭子形凸轮为主件。当波浪作用于凸轮时，由于表层水给予"鸭体"的冲击大，深层水给予"鸭体"的冲击小，这样就使"鸭体"抬头。当波峰过后，波浪冲击力减弱了，就使"鸭体"低头了。"点头鸭"绕着中心轴作上下摆动带动工作泵，使发电机发出电来。

  由 20 多个 6 米高的点头鸭连在一起，横着面对波浪，点头鸭的"身体"用锚固定在 100 米深的海床上，发起电来就像水面上有一排鸭子在不停地点头。这种装置发出的电能由海底电缆传送到岸上，结构简单，效率高达 90%。

转动发电。每台发电机机组额定功率 125 千瓦，10 台机组额定输出功率 1250 千瓦，最大输出功率为 2000 千瓦。

  波浪发电的成功鼓舞了人们的信心，后来各个国家相继出现了多种形式的波浪发电的设备。1990 年，我国第一座试验性波浪发电站建成投产了。

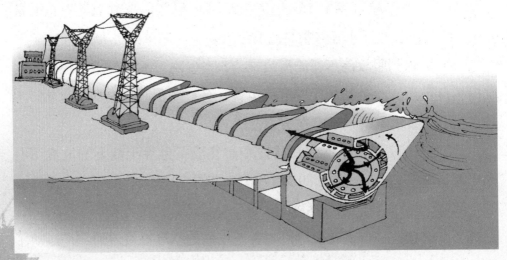

"点头鸭"式波浪发电

由于大海里的海浪不太稳定，人们又想出制作"集波装置"：在海边建一座水坝，向着波浪呈 V 字形张开，海浪能量从 V 字形开口处向锐角部集中到 V 字形最窄部。这时水面已高出海平面许多，从这里进入水坝后的大水库，带动发电机。波浪退回以后，再放出水库里的水发电。

温差发电

太阳赐予地球的热量，有绝大部分落进了海洋的怀抱。尽管海面反射和海水蒸发耗用了大量的太阳能，但就绝对数量来说，太阳能中用来提高海水温度的热量还是十分可观的。据估计，落入大海怀抱的热量，每秒钟有 6650 亿千卡，约相当于 1 亿吨煤燃烧放出的热量。

面对这样巨大的能量，人们怎能无动于衷呢？近百年来，许多人搜索枯肠，一直在寻找打捞它的奇思妙想。终于有一天，打捞落海太阳能的办法，被一位法国科学家克劳德找到了。

1926 年 11 月 15 日，法国科学院大厅里座无虚席，这里将要开始一项海水温差发电的演示试验。

实验器械很简单，两侧各有一个容积 25 升的烧瓶。连接两只烧瓶的玻

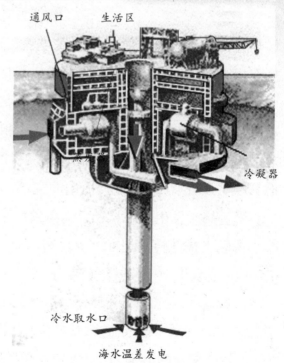

通风口　　　生活区

温水取水口

冷凝器

冷水取水口

海水温差发电

温差发电

璃导管内，装着一个微型气轮发电机，它通过 2 根导线与外部 3 个小灯泡相连接。玻璃导管上方接上了一个真空泵，组成了一个闭合的回路。

　　一个叫克劳德的法国科学家不慌不忙地走上试验台。他熟练地卸下右边烧瓶，加入 28℃（与表层海水温度相同）的水，又卸下左边的烧瓶，放入一些冰和水，这个冰水混合物测得的温度与深层海水相当。这时，他开动了真空泵，抽出了烧瓶内的空气，直到右边烧瓶内的水沸腾为止。

　　奇迹终于发生了，只见急速蒸发出来的水蒸气流，吹着微型气轮机的小涡轮飞快地转了起来。一瞬间，3 个小灯泡发光了，并且一直亮了 8 分钟。观众席上一片欢呼声。

　　1930 年，克劳德带着改进了的实验成果，到古巴的马坦萨斯港，建造温差实验电站。他以海边 27℃ 的表层海水为"热源"，以离海岸 2000 米远、600 米深的海水为"冷源"。这个海水温差实验电站共获得 10 千瓦输出功率。因为实验电站抽取深海水的冷水泵，电力是靠外部供给的，核算下来电站的发电还补偿不了外部供电，因此这个实验电站失去了商业价值，宣告失败。

1948年，克劳德又在非洲象牙海岸首都阿比让附近浅海滩上另建了一个电站。热源是25℃～28℃海洋表面水，冷源是水下600米深的7℃～8℃的深层水。电站造在经过改装的驳船上，发电能力50千瓦，扣除消耗电力外，净输出功率9～11千瓦，只够点9盏500瓦灯泡和提供一台电视机用电。

直到1960年，美国的安迪生父子提出低沸点媒介质闭合循环的方法，才使海水温差发电又获得了新的生命力。

初期的温差电站试验虽然并无出色成绩，但是人们还是看到它的可行性和巨大潜力。1981年10月，日本科学家在太平洋瑙鲁岛上建了一座岸式温差发电站，以氟利昂为工作流体，发电100千瓦。

1987年，美国一座4万千瓦岸式试验电站投入运行，另一座浮式试验电站也投入运行，使温差发电一步步进入实用阶段。

1990年，日本建成了1000千瓦级海洋温差电站，这是目前世界上较大的商业性海洋温差发电站。

然而，我们也要看到，大规模的温差发电出现之后，海洋的环境将会受到不小的影响。大量抽取海洋深层的冷水，也可能会对全球的气温产生影响。这些是海洋开发中会出现的新问题。

盐差发电

江河流入大海的地方，海洋水所含的盐分很多，而江河的水是淡水，两种水的含盐量有很大差别。这时，含盐量大的海洋水中的盐离子就会向含盐量小的江河水扩散，直到两边浓度相等为止。根据科学计算，在温度 17℃时候，有 1 摩尔盐类从浓盐溶液中扩散到稀盐溶液中去，就会释放出 5500 焦的能量。

但是，采取什么办法能使这种盐差能转变为有效的电能呢？

1939 年，美国一位科学家提出过利用海洋盐差能发电的设想。可他并没有成功。1954 年，又有人研制一种盐差能发电装置，但试验结果功率仅 0.015 瓦。

到了 1974 年，美国康涅狄克大学的学者提出一种用盐差发电的方案：把一层只让水通过而不让盐分通过的半透膜放在不同盐度的两种海水之间，海水在通过这层膜时，就会产生一个压力梯度，迫使水从浓度低的一边通过膜向浓度高的一边渗透，从而使浓度较高的一边的水位升高，直到膜两侧的含盐浓度（即盐度）相等为止。这个压力被称为渗透压。

科学家想利用高盐度一侧升高的水位来发电。该系统主要工作原理是：向水压塔内充海水，由于渗透压的作用，淡水从半透膜向水压塔内渗透，使水压塔内水往上升。当塔内水位上升到一定高度以后，便从预设水槽溢流出来，冲击水轮机旋转，推动发电机发电。这种设计原理被称为渗透压式盐差能发电系统。

海水平均盐度是 35‰。有人从理论上计算，每条江河入海处的海水渗透压差相当于 240 米高的水位落差。据了解，全世界水坝高于 240 米的大型水力发电站还寥寥无几呢！

在约旦河的河水流入死海之处，盐差能更是明显。死海的盐差度最高，比一般海水至少高 7～8 倍，渗透压约为 500 个大气压（约 50 663 千帕），大致相当于 5000 米高的水产生的压力。按此估算，约旦河注入死海的每立方米河水，理论上的发电功率可达 2.7 万千瓦，这是多么诱人的巨大能源啊！

后来，美国俄勒冈大学的学者研制出一种新的渗透压式盐差能发电系统：把发电机组安装在水深为 210 米的海床上，河流的淡水以 210 米

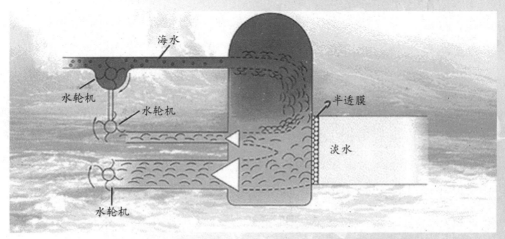

海水盐差发电原理图

的水头通过管道输送到发电机组发电，安装在排出口前端的半透膜只能通过淡水，不能透过海水。通过半透膜的淡水流速决定于半透膜两侧间的压力差。经过试验，如果把发电机组安装在海面228米以下地方，海水的静压力就会超过渗透压，这时就会发生相反过程，即淡水就会反向输送。由于排出淡水的密度比周围海水小，因而上浮混合，而在低部保持稳定盐差度。这种系统被认为是目前最有前途的一种渗透压式盐差能发电系统。

不过，渗透压式盐差能发电系统的最大问题是，在半透膜上容易附着海洋生物、海水对膜容易产生腐蚀和泥沙淤积，所以仍有许多技术上的难题有待解决。

后来，人们研究了另一种盐差能转换装置——蒸汽压式盐差能发电

知识链接

盐差发电的潜力

日本学者高野健三估算，全世界海洋内储藏的盐差能总输出功率可达到35亿千瓦，而且大部分水源在循环中能得到不断更新和补充，可以说它是一种用之不竭的资源，值得我们深入研究。

系统。在同一温度情况下，淡水比海水蒸发快，因此，海水一边的蒸汽压力要比淡水一边低得多。

在一间空室内，水蒸气会很快从淡水上方流向海水上方。只要装上涡轮，盐差能就随手可以得到了。由于蒸汽压力差很小，就必须把涡轮做得很大，但只要把工作温度提高，譬如达到374℃，水蒸气密度比20℃时的饱和蒸汽大得多，涡轮机就可以做小一些了。

除此之外，人们还采用机械—化学式盐差能发电系统，根据一些高分子材料具有随溶液浓度大小而伸缩的特点，来推动活塞运动。目前，以色列建成一座150千瓦海洋盐差能试验电站。我国于1985年研制成功一台3.8千瓦盐差能发电试验装置。但是离实际应用还有很长路要走。

海流发电

茫茫大海平静的时候，表面上除了涌浪外，似乎是静止的。其实，在海洋里有许多看不见的"河流"，它们长年不息地流动着。这就是海流。

海流是沿着固定的路线急速流动着的。宽度从数十千米到数百千米，甚至宽的可达数千千米。海流的流速一般每昼夜为20～70千米。世界上最大的海流是墨西哥湾暖流，它的流速可达到每昼夜130千米。流经我国的"黑潮"，每昼夜流速达到90千米。它们携带的水量非常巨大。以"黑潮"来说，其流量相当于世界所有河流总流量的20倍。海流不仅流量大，而且流速稳定，蕴藏着巨大能量。据估算，世界海洋海流能总蕴藏量为50亿千瓦。我国海流能总蕴藏量有2000万千瓦。

海流能既然这样丰富，那么我们如何利用它呢？前面讲的潮汐发电、温差发电、波浪发电还可以陆地为依托。对于茫茫大海的海流，我们以什么为依托用它来发电呢？为了这个问题，世界上许多科学家伤透脑筋，但仍在不懈努力中。

1976 年，美国科学家加里·司蒂尔曾设计出一种被称为"降落伞"的装置。这个装置以一艘发电船为依托，船底用 50 只直径为 0.6 米的"降落伞"串连起来形成一个圆环，套在船底的转轮上。

工作时，发电船在海上抛锚固定下来。然后在海流的带动下，船底逆流的伞在海流的冲击下迅速张开，顺流的伞被压缩，整个"降落伞"串迅速形成了传动带。船上转动轮飞快运转，通过多级传动增速齿轮系统的作用，带动发电机发电。

科学家在墨西哥湾佛罗里达海峡进行了试验，这座海流试验电站每天能工作 4 小时，输出功率为 500 瓦。优点是结构简单，造价低廉，能适应海流流向的变化，不需要附加什么特殊装置。缺陷是"降落伞"的牵引绳很易变形，在海洋波浪起伏剧烈或海流流向发生突然变化时更为严重。因此，该装置很难大型化。但是，这项试验已经证明了海流是可以发电的。

人们对海流发电曾经还有过设想，1973 年美国莫顿教授提出一个"科里奥里方案"。

这个设想是将一组巨型的相当于建筑群那么大的涡轮发电机，用固

利用海流发电的发电船

水下电缆输入佛罗里达电网。"科里奥里方案"的额定输出功率为 100 万千瓦，但不会对湾流附近海域的自然环境产生任何污染。这项试验曾被列入"20 世纪末 12 项改造地球的伟大工程"之一，估计耗资 1300 万～1500 万美元。

海洋风能

在一望无际的海面上，常年刮着强劲的海风，这就是大自然恩赐给人类的一种取之不尽、用之不竭的能源。地球上风能估计每年有 1.3 万亿千瓦，其中可利用的风能约有 200 亿千瓦。中国有可利用的风能约为 1.6 亿～2.53 亿千瓦，相当于 1992 年全国发电总装机容量的 1.5 倍。

随着石油储量的减少，风力发电越来越受到重视。美国加利福尼亚山区，数以千万计的风车拔地而起，仅 5 年中就安装了 13 000 多台。

2010 年，美国风力发电规模达到 5000 万千瓦。风力发电全部由计算机控制，加上空气动力学的应用研究，做到风车叶片能随风速的大小随意旋转，预计发电能力将成倍提高，而成本则降到目前的七分之一。风轮机叶片都将用玻璃纤维材料制作。

丹麦在哥本哈根南部洛南岛附近建成了一个规模较大的风力发电场。2005 年，丹麦风力发电达 120 万千瓦，占全国所需电力的 10%，既节约了能源，又有利于环保。瑞典计划在波罗的海 1224 米长的海岸线安装 97 个风力发电站。

2006 年 12 月，英国政府投入 15 亿英镑的资金，打造全球最大的海上风力电组——伦敦编队。这个风机机组建造在英格兰东南部距海岸大约 20 千米的海面上。它有 341 台风电机。这个强大的阵势占地约 230 平方千米，堪称一个宏大的工程。建成之后，每年将生产 1000 兆瓦的电能,可减少 190 万吨的二氧化碳气体排放。英国政府希望到 2020 年时,

海上风电场

风能发电量将占到可再生能源发电的 20%。

俄罗斯科学家更是突发奇想，他们提出利用对流层的风力进行发电。因为离地面 10 千米～ 12 千米的大气对流层，风速可达 25 ～ 30 米 / 秒。他们考虑将质量 30 吨的风力发电机用气球升到对流层。但是困难的是没有什么方案可以把风力发电机送到离地 11 千米的上空。

我国风力发电发展也很迅速，装机总容量达到 2.6 万千瓦。我国建设 10 座以上小型风力发电场，装机容量约 1.2 万千瓦。其中以新疆达

建造在上海的中国首个海上风电场

坂城风力电场规模较大，达 4450 千瓦。我国风电机 300 千瓦微型机已研制成批量生产。

事实证明，在风力资源良好的地区，风力发电可很好解决牧民、渔民的照明和看电视问题。海洋上的风力发电，更是前途光明。

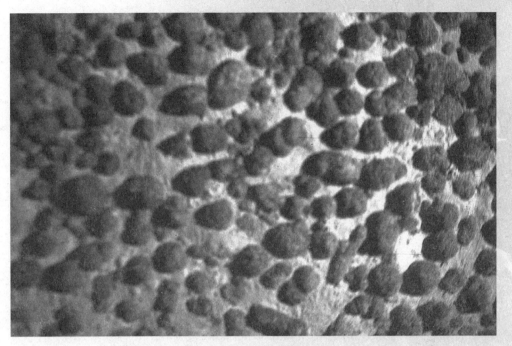

二、矿产资源的宝库

矿产资源是工农业生产的基础。没有原材料，哪还谈得上搞什么生产。可是陆地上的矿产资源并不那么充足，有的甚至非常短缺。但是，正在人类受资源短缺而困惑的时刻，海洋却在悄悄地对人们"说"：在海底有的是丰富的原材料，那里是矿产资源的宝库！

海底"露天矿"

1873 年 2 月 18 日，英国海洋调查船在大西洋加那利群岛的西南海上作业，用拖网采集海底沉积物时，捞上来的东西中有一块 2.54 厘米长的黑色卵状物，像是鹅卵石。它的分量不轻，落在金属甲板上咚咚响。

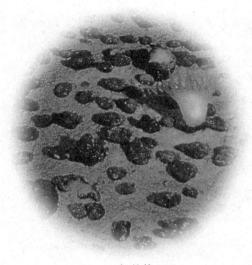

锰结核

这是什么？大洋海底怎么会有"鹅卵石"？再次拖网，水手又捞到这种"鹅卵石"。汤姆森教授把这个事情记录了下来。以后在印度洋、太平洋一些海域又采到这样的"鹅卵石"，数量竟然有 100 个之多，大的可达几磅重。

海底有"鹅卵石"的现象引起了化学家注意。他们分析样品后，发现其中竟然有锰铁氧化物。那时，这种"鹅卵石"只是被当做"海底珍品"被大英博物馆收藏了，谁也没有意识到这些就是沉睡海底亿万年的深海金属宝藏。

1875 年 12 月，当时在调查船上工作的约翰·默里向英国寄出了一篇论文。在论文中，默里对"鹅卵石"的产地、形态、物理化学性质等作了描述。

从 1882 年开始，默里和地质学家雷纳德一起，认真整理了采集到的样品，进行了系统研究。并在 1891 年发表了详细的研究报告，把海底"鹅卵石"命名为"锰结核"。

1905 年，美国海洋学家亚历山大·阿加西在一次对太平洋的海洋调查中，采集到了锰结核样品，并做出了"其覆盖面积比美国面积还要大"的结论。当时陆地上锰矿资源并不匮乏，而深海采矿比登天还难，所以这件事情就搁了下来。

第二次世界大战后，各国对金属资源需求量增加，特别是发现了锰可以制造高强度合金钢后，锰的身价陡增。于是人们把目光投向大洋的金属矿产资源上。1958 年当时正值国际地球物理年，美国加利福尼亚大学学者开始致力于从海底采集这种结核和分离其各种成分的研究，他们给锰结核起了一个更科学的名称——多金属结核。

多金属结核

给锰结核起名为"多金属结核"的是美国科学家约翰·梅罗。他根据以前所有资料，详细分析了这种结核的品位、化学组成和储量后发现，海底锰结核里含有30多种金属元素、稀土元素和放射性元素，尤其是锰、铜、钴、镍的含量很高，有很高的工业开采价值。他指出，大洋多金属结核是一种有开采价值的深海金属矿床，它将成为铜、钴、镍、锰等金属的新来源。这一成果发表以后，海底锰结核的资源引起了世界各国的注意，多金属结核的名字也就被大家接受。

世界各大洋多金属结核的总储量为30 000亿吨。这就意味着海洋里含4000亿吨锰、88亿吨铜、164亿吨镍、98亿吨钴。它相当于陆地锰矿储量的57倍、陆地镍矿储量的83倍、陆地铜矿储量的9倍、陆地钴矿储量的359倍。而且，这种多金属结核继续在以每年1000多万吨的速度在大洋底形成，堆积起来，真可称为取之不尽、用之不竭的海底"露天矿"。

多金属结核虽然宝贵，不过，它躺在那么深的海底，人们有能力把它们采上来吗？它能供

多金属结核的蕴藏量

在太平洋海域，多金属结核的蕴藏量大约有 16 000 亿吨。在中等程度矿区每平方米多金属结核可达 5 ～ 10 千克。矿区主要分布在两个宽阔的区域内，一个在北太平洋，从美国加利福尼亚直到日本，另一个在南太平洋，在法属波利尼亚群岛和汤加海湾之间。

人类开采多久呢？这不用愁，已经有不少国家进行了试采，效果很好。以现在的技术能力，大规模开采是不成问题的。至于能开采多久，可以告诉你，深海 30 000 亿吨多金属结核中的锰、铜、镍和钴，分别可供全世界用 33 000 年、980 年、25 300 年和 21 500 年。

在 20 世纪 70 年代中，我国多次开展了太平洋多金属结核调查，面积达 200 万平方千米，取得大量数据、资料和样品。1990 年 8 月，我国向联合国国际海底管理局筹委会正式申请作为先驱投资者，从而使我国成为继法、日、俄、印之后的第五个深海采矿先驱投资者。1991 年 3 月 5 日，联合国正式批准了中国的占地 30 万平方千米的申请，并将其中 15 万平方千米矿区分配给中国作为开发区。这块海域将成为我国 21 世纪深海采矿的基地。

由于多金属结核中，有色金属只占 30%，其余是水和废物，所以每开采 100 万吨固体金属，就有 70 万吨水和废物。因此，如何维护环保安全和降低成本，是事先必须认真研究和预测的。

金银宝库

深海底不仅有用不完的多金属结核，更令人惊奇的是，人们又在许多海域发现了一种叫多金属软泥的深海矿藏，里面竟含有大量的金、银，以及铅、铜、锌、铁等许多贵重而有用的元素。而且，这些矿床的生长速度很快，品位也很高！

这是怎么回事呢？事情得从"信天翁号"考察船说起。

1947 年 7 月 4 日，几名瑞典科学家由国立海洋研究所所长汉斯·彼得森的率领下，乘坐"信天翁号"考察船开始为期 15 个月的远洋考察。1948 年，他们到达了红海考察。在红海海底 2000 米处，他们发现存在一种"热盐水"的奇怪现象。一般来说，深海底水温是很低的，在 4℃ 左右，可是这里水温竟达 40℃ 左右，含盐量是一般海水的 10 倍以上。化验分析了该处海底的泥土样品，又发现这些泥土中富含铁、锰、锌、铜、银、金等多种金属元素。这引起了众多科学家的兴趣。

1963 年和 1966 年，美国"发现者号"和"链号"海洋调查船驶向红海进行更详细的调查，发现水深大于 2000 米的三处深海的海渊中确实存在热盐水，温度高达 56℃，而且富含金属元素的海底泥土层一般有 20 米厚，有些地方可达 100 多米厚。人们把这三个海渊定名为"阿特兰蒂斯Ⅱ"海渊、"发现者"海渊和"链"海

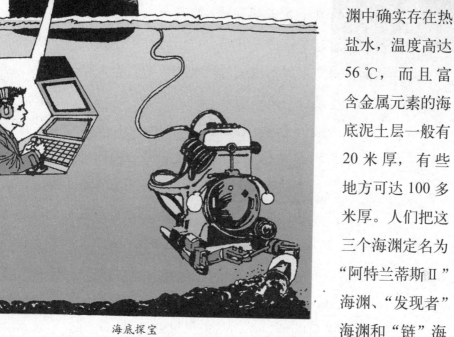

海底探宝

渊，并把这种富含金属元素的泥土定名为"多金属软泥"。

目前，在红海中央裂谷处已发现了18个含多金属软泥的盆地。据估计仅"阿特兰蒂斯Ⅱ"海渊底部10米厚的多金属软泥中，就含有2430万吨铁、290吨锌、106万吨铜、4500吨银、45吨金，其黄金品位比陆地上要高40倍。这是一笔多么巨大的财富呀！难怪有人称它为"海底金银库"哩！

后来，美、法、墨西哥科学家在研究海洋的海底裂谷各区的热盐水和海底裂隙情况时，发现一种呈块状的海底"黑烟囱"。进一步的研究，发现它们和多金属软泥一样，都是形成于正在扩张的海底裂谷中。

原来，海底裂谷是海底地壳最薄的地方，熔融的岩浆不断从地球内部涌出。岩浆既含多种金属，又有很高温度。当它们和海水相遇，发生化学反应，就冒出了"黑烟囱"。其中金属被大量析出，形成多金属软泥。所以，人们又把这种矿床称作海底热液矿床。

深海热液矿床规模有大有小。小的底面积仅几十平方米，高几米。大的底面积达几百甚至几千平方米，高几十米。每个矿体的重量从数吨到数千吨不等。看起来这似乎并不大，但这种矿体往往一个接一个连成一大片，从而在一个海区形成一片巨大的矿藏。有人把它们比作巨大的海底金银宝库，不是没有道理的。

深海热液矿床被誉为海底金银宝库，那么，它有没有开采价值呢？有！因为它们所含的金属品位不但高，而且它们还在不断地生成，其生成速度比大洋多金属结核要快得多，据说要快100万倍！由于热液矿藏是海底扩张地壳运动的产物，而地壳运动是随时都在进行的，所以，热液矿藏随时都可能在形成。1974年7月，美国深潜器"阿尔文号"与法国深潜器"阿基米德号"和"赛安娜号"一起，在执行一项美法联合深海考察计划——"法摩斯计划"时，观看到了海底热液矿床形成的壮观景象。

考察船在驶向目的地途中，从未见过的奇景出现了，一系列规则的

海底黑烟囱

熔岩不断地重复出现，一根根排列整齐的"管道"里，缓缓地流出高温熔岩。熔岩温度高达 1200℃，从深海裂谷这个地壳破裂处涌流出来，与4℃的海水撞击后，变成"黑烟"迅速冷凝，形成一系列的"烟囱"。未冷凝的熔岩仍然不停地从"烟囱"里涌出，变成"黑烟"漂浮，然后又迅速冷凝，形成新的"烟囱"。这是新地壳形成的景象，而这种"烟囱"就是热液矿藏。

开采热液矿藏的办法是：在采矿船下拖一根 2000 多米长的钢管柱，末端连接一个抽吸装置。因为热液矿床像是从牙膏管里挤出的牙膏，所以比较软，只要在抽吸装置内安装电控摆筛，就能使黏稠的软泥变稀，抽吸就比较容易。吸到船上来的矿物除去水分后，就得到浓缩矿物，经冶炼厂加工提炼，就可以成为我们所需要的金属了。

2006 年，中国"大洋一号"科学考察船，在印度洋探测"黑烟囱"时，惊喜地发现，在"黑烟囱"的周围竟生活着数量惊人的生物群，有虾、蟹、蜗牛，还有漂亮的管虫等，它们能在黑暗、高温、高压、缺氧的极端恶劣环境下生存。最令人难以置信的是，热液硫化物的周围温度高达400℃！

考察船向目标缓慢地移动着，电视抓斗取样器缓缓到达 2500 米深的印度洋底热液喷口附近，在这样一个高温、高压、无氧、剧毒的环境中，一只海葵闯入镜头，又一只海葵闯进来，接着是一片白花花的海葵……虾和螃蟹也出现了。

离热液喷口越来越近时，突然一根黑乎乎的烟囱（热液硫化物）突兀地出现了。电视抓斗轻轻触了一下黑烟囱，附着在烟囱体上的虾受到抓斗的惊扰，"轰"地飞舞起来了，密密麻麻，好像捅了一个大大的马蜂窝。所有的人都惊叹着，欢呼着。电视抓斗张着大嘴对准了一个黑烟囱，狠狠地"咬"了一口，赶紧闭上嘴巴。一块像树桩一样长达 50 厘米的黑烟囱被牢牢抓住，上面还附着有藤壶、海葵等热液生物，当然，还有我们肉眼看不到的微生物。那天是中国海洋科学家第一次如此直接地观察到深海极端环境里生机盎然的生命现象。

海滨的奇珍异宝

大海确实是个聚宝盆。当人类勘探、开采深海大洋资源之前，首先接触到的便是漫长奇妙的海滩，那儿往往埋藏着奇珍异宝。科学家把海滨那些含有矿物的砂石称为海滨砂矿。这种矿蕴藏了很多贵重金属、贵重非金属、稀有金属、放射性金属和建筑材料。它们像一颗颗光彩夺目的明珠，镶嵌在海洋聚宝盆的边缘。

海滨砂矿是重要的矿产资源，含有金、铂、金刚石、金红石、锆石、钛铁矿、独居石、锡石、磁铁矿、磷钇矿、铌铁矿、钽铁矿、铬铁矿、石英等几十种有用矿物。它们有的是贵重金属、宝石，有的是国防、科技等重要战略资源。

就说钛吧，它坚硬而轻盈，密度只有铁的一半，但其物理性能却非同寻常。铁在 1000℃ 时熔化了，而钛的熔点高达 1960℃。钢铁在低温时会脆裂，而钛在低温时更坚硬。多数金属在酸碱腐蚀溶液中会变得千疮百孔，而钛却依然如故。钛是高性能战机、宇航飞行体外壳的绝好材料，用来制作深潜器的外壳，下潜到万米深海也不怕巨大压力。还能制成记忆合金，也是制造机器人的好材料。

又如锆石，具有能耐 2750℃ 高温、耐腐蚀、中子难穿透等的特性，是核工业中的重要材料。独居石是钍、钇等稀土元素重要来源，是制造特殊合金、防辐射玻璃、X 射线管电极等的重要材料。

海滨为什么会有如此多的珍稀矿砂呢？海滨矿砂的形成是大自然鬼斧神工的精心杰作。本来沿海地带岩石中多矿石资源，受到长期日晒雨淋、冰雪侵袭而风化，形成风化壳。天长日久，风化壳慢慢崩解，成了粗细不匀的碎屑。经雨水冲刷、河流水冲，运到海滨，进一步被分选，逐渐聚汇沉积，形成了具有开采价值的海滨砂矿了。

宝贵的国防元素

在蓝天展翅的银燕，在海中疾驰的舰艇，在空中穿梭的导弹，在太空翱翔的飞船，它们的制造，无一不与金属"镁"有关。请看，第一次世界大战前，全世界镁的年产量不足 2 万吨。战争爆发后，年产超过 20 万吨，为战前的 10 倍。但战后又迅速降到了 3 万吨。朝鲜战争期间，镁的年产量又急剧上升，达 17 万吨，战后又开始回落。可见，镁的生产与战争密切相关，因而镁被人们誉为"国防元素"。

飞机、舰艇也好，导弹、飞船也好，都要求制造的材料既要坚硬，又要轻盈，而且还要耐热。什么材料能达到这种要求呢？镁铝合金和镁锂合金是理想的选择。

实际上，镁除了在国防工业上大显身手外，在冶金、照明、橡胶、医药和化肥等方面也大有作为。镁在海水中的浓度很高，每升高达 1350 毫克，仅次于氯 (19 000 毫克 / 升) 和钠 (10 500 毫克 / 升)，位居第三，是海水中 11 种大量元素之一。整个海洋含镁约 1000 万亿吨，足够人类用上千秋万代，所以世界各国竞相发展海水提镁的产业。眼下世界上镁的产量有 60% 来自海洋，提取数量也不过几百万吨，即使增加到每年 1 亿吨，也可以用 1800 万年哩！如果人类每年从海水中提取 1 亿吨镁，100 年后海水中镁只会从目前 0.13% 下降到 0.12%，估计对环境和生态不会产生严重影响的。

从海水中提取镁并不复杂，最关键的技术是要除去海水中的杂质（把碳酸镁、硫酸钙和硼酸盐等杂质去除）。不论是提取金属镁还是镁砂（氧化镁），都是往海水中加碱，使其形成氢氧化镁的沉淀物，再进一步提炼，就可得到氧化镁。如果要制取金属镁，就得加盐酸，使其变成氯化镁，经过滤、干燥，然后电解，就可得到金属镁和氯气，而氯气可用来制盐酸，再循环使用。

我国目前所需的高纯度镁砂，部分仍需从国外进口。美国有 6 家以上工厂专门从海水中提镁，年产量 78 万吨以上；日本第二名，年产 70 万吨；英国是第三，年产 30 万吨多。所以，大力发展我国的海水提镁工业，让海洋里的"国防元素"镁早日为现代化建设贡献力量。

三、下海采药

人们往往说"上山采药"，很少听说"下海采药"。事实上，海洋是一座药物宝库。我国是最早应用海洋药物的国家之一。2000多年前的《黄帝内经》中就有乌贼骨、鲍鱼治病的记载。《本草纲目》等著作中涉及的海洋药物多达百余种。目前我国的中成药有30%来自海洋。

我国民间也有不少用海洋药物治病的验方。例如用乌贼骨粉止血、海星灰治胃病、鲍鱼壳治高血压……但是，科学发展到今天，人们已不仅仅停

留在直接用海洋生物来治病的低级阶段，而是发展到生理活性物质分离、提取和临床研究的新时期。

价值千金的海洋毒素

河豚，虽然名字有"河"字，却属海洋鱼类。它生活在近海，也可进入淡水。它的肉鲜美无比，但血液、肝脏和生殖腺里含有剧毒。有些人为了品尝河豚的鲜美，往往因内脏处理不干净而发生吃后当即中毒死亡的事件。

河豚毒素是强烈的，只要食用零点几毫克就能丧命，毒性比剧毒的氰化物还要大几百倍！虽说河豚毒素如此可怕，可这一"特长"被科学家看中，请它出来当"麻醉师"。结果怎么样？经过试用，它还真是非常称职哩。

科学家用海豚毒素制成麻醉剂，广泛用于手术麻醉、镇痛、解除晚期癌症病人的痛苦等。不但效果好而且不会成瘾。进一步的研究还发现，它还有治疗神经痛、关节炎、风湿病、哮喘、百日咳和遗尿等功能，对脑外伤也有显著疗效。

现在，河豚毒素已经是公认的研究神经细胞膜生理功能的标准药物。通过它，科学家发现了细胞膜的一些新的作用。

"河豚麻醉师"在治疗和科研中的特殊作用，受到医学界的青睐。不过，提取它并不容易。过去，国际市场上的河豚毒素一直为日本所垄断，价格高达每千克2亿多美元，所以河豚毒素有一克值万金之说。现在我国也能从河豚身上提取河豚毒素了，从而打破了日本的垄断。

除了河豚毒素，海洋里还有海蛇。它的毒液比眼镜蛇高50倍，可用它制成毒血清，治疗蛇咬；也可制成新镇痛药，治疗坐骨神经、三叉神经痛等。蛇胆还可驱风活血，蛇油是良好的护肤品。海洋里有用的生物毒素真不少！

诊断高明的"鲎大夫"

海洋里有一种长相丑陋的动物。它头胸部较大，披着铠甲，呈半月形；腹部较小，也有甲壳；尾巴像一柄长长的宝剑，十分尖利。它的名字就叫鲎。美国科学家凯弗·哈特专门研究鲎的眼睛，揭开了视网膜通过视神经传递视觉信息的秘密，获得 1967 年诺贝尔奖。

以前，鲎常被人们用来当肥料。可是近年来，它身价一跃百倍，被医院请进来当"大夫"。

原来，鲎这种流淌着蓝色血液的小动物，真是与众不同。它没有红细胞，也没有白细胞，而只有一种能输送氧气的低级原始细胞。大家知道，人和许多动物的血液里有红细胞、白细胞和血小板等。血液之所以呈铁红色，是因为红细胞里面有大量含铁的血红蛋白。红细胞是运输大队长，既把氧气输给人体，又把二氧化碳带走。白细胞是人体的卫士，主要功能是消灭细菌。

鲎的血液里没有白细胞，所以身体没有卫士。一旦细菌入侵，它就会很快死亡。这个特性给人们带来了启示：能不能用鲎的血作为试

长相丑陋的鲎

剂来检验有无细菌呢？

于是，鲨那蓝色的血液被"请"进了化验室。在人的血液里、尿液里、痰液里和其他体液里只要用一丁点儿鲨试剂一试，里面有没有细菌，十几分钟就可见分晓了。这对医生及时做出诊断，抢救病人生命起了重要作用。

儿童急性脑膜炎是一种革兰阴性杆菌引起的。它起病快，死亡率很高。以前得花一两天时间，抽取脑髓液进行细菌培养，再进行化验。有时结果未出来，孩子病情已加重甚至生命垂危了。让"鲨大夫"来诊断，显然要快速得多。

"鲨大夫"还可用来检查注射带来的人体热源。当然，食品、药品是否被细菌毒素污染，鲨试剂也能大显其检测神通。

鲨血里还含有一种特殊蛋白，对恶性贫血、肠胃病和精神失常病的诊断也很在行。过去，用其他试剂价格昂贵，一次要成百上千美元，而改用鲨血蛋白，就便宜多了。

中国于 1982 年成功研制成鲨试剂，质量达到国际水平，也打破了原来只有美国、日本才能制造鲨试剂的垄断局面。

奇妙的人造皮肤

青岛海洋大学有个生物材料研究所，从 20 世纪 80 年代开始研制人造皮肤。1988 年，人造皮肤终于成功面世了。这种人造皮肤对烧伤创面无刺激、不过敏、无毒副作用，而且能缩短创面愈合时间，治疗效果十分显著。这项成果荣获了第 37 届布鲁塞尔"尤利卡"世界发明金奖。

人造皮肤是用什么做的呢？原来它和海洋生物有关系。

虾、蟹等甲壳动物的壳中，含有一种叫"甲壳素"（也叫壳聚糖）

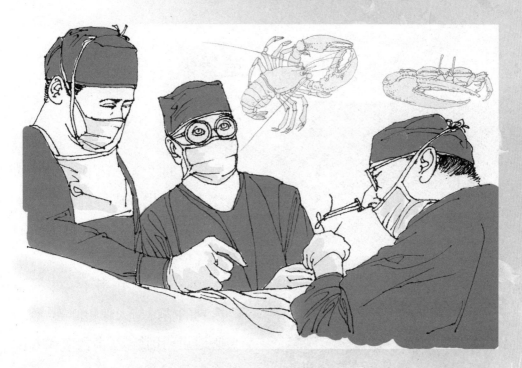

的物质。它的化学结构与纤维素很相似，既不溶于水和酒精，也不溶于弱酸和弱碱，而且吸水性好，对人体细胞无排斥作用。根据这些特征，科研人员想到把它应用于烧伤病人的治疗上。他们把甲壳素的粉末制成薄膜状，植到烧伤的部位，形成了"人造皮肤"。由于它一来不会被人体细胞排斥，二来可防止细菌对伤口的感染，而且又能吸收伤口流出的体液，因此在这位"皮肤护理师"的呵护下，病人的痛苦大大减轻，而且伤口会很快愈合，逐渐长出新的皮肤。等新皮肤完全长好了，人造皮肤的任务也就完成了，它会很"自觉"地从新皮肤上自动脱落。

科研人员还利用甲壳素制成了手术缝合线。这种缝合线有许多优点：病人手术创口愈合后不用拆线，因为它能被人体吸收；容易缝纫，容易打结，因为它很柔软；不会引起人体过敏排斥，而且伤口愈合较快。

甲壳素不仅能做好"护理"工作，还能阻断癌细胞转移，活化肌体细胞，增加人体免疫功能，调整体液酸碱度，从而对癌症、心脑血管疾病、糖尿病、肝病等都有很好的疗效呢！

神奇的人造骨骼

珊瑚礁

许多病人由于外伤、病患、先天缺损，急需进行骨骼、上下颚、口腔牙床的"修补"。医生传统的治疗方法是用合成材料或从人体某一部分移植骨质到有缺陷的部分，等待自身愈合。

1982年，法国科学家根据珊瑚含钙的情况与人骨相似的特点，大胆地用珊瑚给70多例伤残人接骨，获得了成功，成为人类接骨手术上的一大突破。珊瑚也因此而荣登骨骼最佳替代材料的"宝座"。

珊瑚有很多孔隙，含有很多碳酸钙。经过处理以后，它能变成与人体骨骼相似的磷酸钙。因此，用它来修补人体骨骼，真是太合适了。最奇妙的是，人的新生血管能随造骨细胞一起在珊瑚材料的孔隙里生长，使骨折部位迅速恢复正常。1988年，美国人做了45个病例，效果很好。法国人也不甘落后，到1991年，他们已为3万人做了人骨修补。后来，英国人也紧紧跟上，开始这项工作。

美国人通过进一步研究，将珊瑚进行烘焙，使其转化成骨矿，又在其中加入玻璃纤维增强聚合物，提高强度，从而使它不仅仅能用于接骨，而且可直接代替小块、小段骨头使用，进行颚骨和颜面骨手术，还可用于"熔接"脊椎，甚至能制成转动自如的假眼。这些材料现在被称为生物陶瓷。植入人体后，一年之内就可被人体骨骼吸收，不用再做第二次手术。

其实，人骨修补材料除了珊瑚，海洋生物中还有其他材料可应用。日本大洋渔业公司和太平洋化学工业公司作了合作开发研究，把狭鳕的骨头制成天然磷灰石，用以制造人骨骼和假牙，临床也获良效。用海洋生物制成的生物陶瓷已越来越被医学界注意，因为当前世界人口老龄化，老人需要作骨骼移植、修补的每年已达十万多例。研究人员正在研究范围广泛的骨骼替代物，少不了海洋生物陶瓷制品。

珍贵的人造血浆

你认识海洋里的一种动物——海星吗？当潮水退去后，海滩上留下许多色彩鲜艳、五角星状的海洋动物。它就是海星。

海星身体匀称，像一块薄薄的海绵。别看它没头没尾、没嘴、没鳍，

海星

可是胃口大得惊人，两天里就能吃掉超过自身体积的食物。贻贝、牡蛎、杂色蛤等贝类动物都是它的美味。海星一旦成群结队来到海贝养殖场，灾难就降临了。养殖场的管理员恨不能把它剁碎。但这也无济于事，海星的碎片只要抛进海里，又会大量滋生了，反而数量更多。

然而，正当人们对这些令人头痛的家伙束手无策时，海洋科学家却发现它们有很大的用处：可以用来制作明胶。科学家把海星和碱放在一起，使其皂化和胶解，然后脱钙，加入酸进行中和，除去它体壁附着的钙盐，最后经过滤、浓缩、凝结和干燥，经过这一系列的过程，就可得到一种淡黄色的透明胶体——海星明胶。药厂用它就可来制作胶囊了。

科学研究人员又发现了海星体壁中含有一种酸性粘多糖。通过动物试验证明，这种物质具有显著的降低血清胆固醇的作用，能够抑制血栓的形成，起到改善微血管循环的功能。因此，海星是一种治疗微循环障碍、冠心病和脑血管病良药的原料。

更有意义的是，1985年我国生物学家以海星明胶为原料，制成了海星代血浆，并通过国家鉴定。这种血制品是一种橙黄色透明液体，它含有某种胶原蛋白，具有蛋白质的一般特性。输入体内后，它不会蓄积，可渗入体

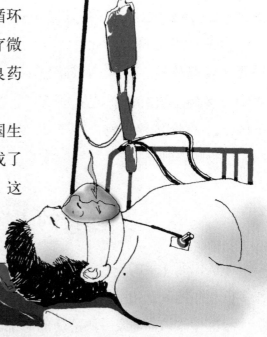

内参与代谢过程，即使多次或大量输入体内，也不会有毒性反应。这种橙黄色血浆还有迅速的溶血作用，使血黏度下降，从而改善血液微循环状况。经临床应用试验，这种代血浆安全可靠，进行外科手术或治疗大出血、烫伤、烧伤及其他外伤引起的休克等症状，通过静脉注射适量海星血浆，起到救死扶伤的作用。所以，人们把海星血浆称为"来自海洋的血浆"。

近些年来，科学家还发现可以从褐藻中提取代血浆，称为"褐藻胶代血浆"。海洋中褐藻种类很多，人们熟悉的有海带、裙带菜，还有鼠尾藻、海蒿子和羊栖菜等。从褐藻中提取代血浆工艺较简单：把适量热开水加入清洁的海藻内，然后再在 0.4% 的褐藻胶溶液中按一定比例加入葡萄糖、氯化钠以及其他缓冲溶液中，使其稀释，就可以制成褐藻胶代血浆了。这种血浆有很多优点，和海星血浆一样，不会在人体内沉淀、积聚，它还能够加快人体内排毒的速度，防止血液凝聚，此外，还有明显的升压作用，使病人维持正常血压。

病人使用来自海洋的代血浆之后，更别担心输血之后会有未检出慢性肝炎或艾滋病而带来的风险。因为它们来自大海，安全可靠可信着呢！

海洋是一个大血库。慷慨、安全和可靠的"输血员"随时都在医生和病人的身边。

心脑血管病人的救星

心脑血管疾病和癌症已被视为人类健康的最大"杀手"。许多医药科学家在寻找、研制新的药物，以对付心脑血管疾病和癌症。而在海洋植物、动物中，不断发现能治疗这些疾病的药物。

科研人员从分析饮食习惯到追踪食物对象的研究中发现，常食鱼类的人中，不患和少患心脑血管疾病的人多。这是为什么呢？

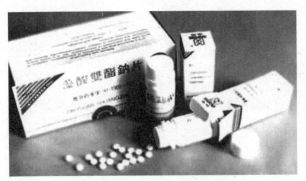

原来，海鱼脂肪中含有丰富的脂肪酸——N-3。N-3是一种高度不饱和脂肪酸，它包括 EPA（廿碳五烯酸）和 DHA（廿二碳六烯酸）。研究表明，N-3 脂酸具有影响人体脂质代谢、调节血脂的作用，它可使血液中甘油三脂和总胆固醇量降低。所以，它能防止动脉硬化和冠心病的发生，还能抑制血管炎性反应作用与抑制血小板释放、集聚，防止血栓形成，从而有效预防动脉硬化和防治冠心病。

科研人员认为，人类大脑灰质的 65% 是由各种脂肪酸组成的，而 DHA 就是一种重要的脂肪酸，它对视力和智力都有直接影响。海洋鱼类中，沙丁鱼、鲐鱼、鲱鱼、金枪鱼，以及鲸的脂肪中 N-3 脂酸含量非常高，直接食用或提炼精制胶丸和食品添加剂，对治疗和预防心脑

血管病都有明显的作用。

深海鱼虽有预防心血管病的作用，但毕竟它是保健品，不能代替心血管病的治疗。得了心血管病，自然就要对症下药了。而在浩瀚的海洋里，也有不少治疗心血管病的药哩！

如甘露醇烟酸脂、藻酸双酯钠 (PSS) 和褐藻淀粉硫酸酯（LS）等，都是从海藻中提取出来的，它们对心血管病的治疗都"身手"不凡。藻酸双酯钠的研制曾获第 15 届布鲁塞尔"尤利卡"世界发明金奖，它对缺血性心脑血管疾病和高血黏度综合征疗效显著。我国还从南海的软体动物和腔肠动物中初步筛选到抗血凝、降血压、防治心血管疾病的药物。

墨西哥科学家从珊瑚中提取含量丰富的前列腺素，用以治疗高血压、溃疡和动脉硬化。另外，有人从海葵、海蜇等身上提取出治疗心血管疾病药物，以及从加工鱼片的废弃物中提取出预防脑血栓的药物。

鲨鱼对抗癌的贡献

癌症是仅次于心血管疾病的第二号杀手，全世界每年大约有 500 万人被癌症夺去了生命。虽然科学家研制了许多抗癌药物，但却没有显示出特殊的功效。因此直到现在，许多人都谈癌色变。

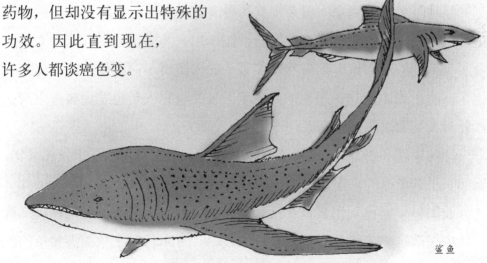

鲨鱼

我国开发的海洋新药

我国药用海洋生物有 1000 多种，储量非常丰富，为我国研制海洋药物提供了十分有利的条件。20 世纪，人类已开发的海洋药物有：藻酸双酯钠、金牡蛎、河豚毒素、鲎试剂、合浦珠母精液、刺参体壁、软珊瑚、海豚、海胆、马尾藻、硅藻、海龟、海马等。它们具有抗癌、抗溃疡、降血脂、治疗动脉硬化、降血压、麻醉、止痛等功效。而另外一种从海藻中的提取物研制出的海洋新药——褐藻双酯钠则有开关凝血、抗血小板堵塞的作用，可防微血栓形成。我国首创的类肝素海洋新药——"海通"能降血脂，预防和治疗心脑血管病。中国科学院海洋研究所研制成功的"海藻活性碘"，具有抗癌效果。

不仅人会生癌，动物也会生癌。但是人们发现，海洋里的鲨鱼却是极少数不生癌的动物之一。美国科学家做过一个试验，用致癌力特强的黄曲霉素饲料喂鲨鱼，经过 8 年的试验，竟没有发现一条鲨鱼患有癌症。可见，鲨鱼对癌症有天然的"免疫力"。

那么，为什么鲨鱼会对癌症有天然的"免疫力"呢？

经过医学家的测定，原来鲨鱼的血清中有一种免疫球蛋白 M，就是这种东西使鲨鱼的血清对癌细胞有抑制作用。为验证这种理论，人们又做了一系列的动物试验，果然发现鲨鱼的血清将小白鼠体内的肺癌抑制住了，将小鸡体内的肉瘤也抑制住了。我国研究人员也发现鲨鱼血清在体外对人类的血癌细胞有杀伤作用。

这些发现和研究，给了人们很大的启示：从鲨鱼体内提取抗癌药物，显然是很有前途的。于是，各国的科学家加紧了工作。

我国科学家已利用鲨鱼小软骨制成了"沙克 1 号"抗肿瘤药；从鲨鱼体内提取抗癌药物角鲨烯，获得了成功。日本科学家从深海鲨鱼的肝脏中，提取出了用于治疗肿瘤的活性物质。

人们还从双髻鲨的体表分泌物中，分离出了一种超强的抗癌物质。科学家还发现，鲨鱼的软骨里还有一种物质能抑制新血管生长，而癌的生长和转移都必须要有新生的血管为其供应血液，否则癌细胞就会迅速死亡。因此，若能提取出这种物质，就可以抑制新血管生成，从而防止癌细胞的转移。另外，它对"血管生长性疾病"如牛皮癣、糖尿病性视网膜病变、青光眼等顽症，也有独特的疗效。

美国、古巴、欧洲各国已将这种物质大量应用于临床，取得了较好的疗效，给癌症患者带来了希望。

除了鲨鱼外，海绵动物中的海绵，腔肠动物中的海葵、珊瑚，软体动物中的章鱼、乌贼、牡蛎、杂色蛤、扇贝，棘皮动物中的海星、海胆、刺参等，体内都含有抗癌活性物质。澳大利亚科学家从海绵体内发现了多种核苷，并以它们为原料合成了阿糖胞苷，对淋巴癌、肺癌、消化道癌有相当疗效。扇贝闭壳肌蛋白质的构成也很特殊，从中可以取出抗癌活性物质。

海洋动物体内含有抗癌活性物质，那么海洋植物体内有没有这些物质呢？答案是肯定的。药物学家发现褐藻中含有大量的碘，可以用来防止乳腺癌。海带中所含钙具有防止血液酸化作用，而防止血液酸化是抑制癌细胞重要的因素。硫酸多糖类中的岩藻多糖，对大肠癌具有明显的抑制作用，它主要存在于海带的黏液中。据报道，从海带中提取的褐藻胶能抑制癌细胞转移，有效率达 68%。另外，从海带中提取的甘露醇，可以制成甘露氮化合物、二溴甘露醇等抗癌药物。目前，专家已从与海绵共生的细菌中分离出抗白血病和鼻咽癌的生理活性物质。日本专家从单细胞藻类中筛选出 18 种新的生理活性物质，其抗癌作用比目前使用的抗癌药丝裂霉素强 1400 倍。

四、人类的"粮仓"

四、人类的"粮仓"

四、人类的"粮仓"

四、人类的"粮仓"

四、人类的"粮仓"

四、人类的"粮仓"

四、人类的"粮仓"

四、人类的"粮仓"

49

世界上总有一些地区闹粮荒，不少人常常经受着饥饿的折磨，其中非洲就有相当数量的人处于饥饿状态！为了解决粮食问题，人们精耕细作，改良土壤，改良品种，开垦荒地，扩大耕地面积等等，想了许多办法，虽然也取得了一些成效，但总不能彻底解决问题。怎么办？经过几十年的探索，科学家把目光转向海洋，转向占地球表面积71%的蓝色领域。未来学家托夫勒也说："对于一个饥饿的世界，海洋能够帮助我们解决最困难的食物问题。"

蛋白质仓库

海洋是一个蛋白质的大仓库。人们渴望做的是利用高科技手段，让海洋献出更多的蛋白质。有了充足的蛋白质，饥饿问题也就迎刃而解了。

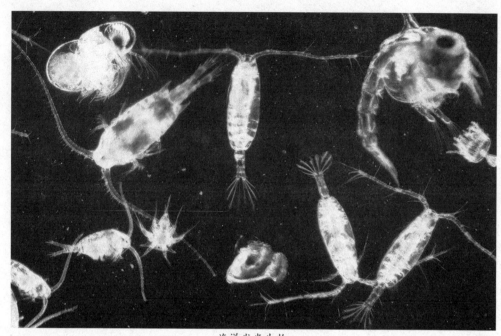
海洋发光生物

难怪联合国粮农组织把鱼类、肉类和豆类列为人类三大蛋白质供应源。

海洋里有那么多蛋白质吗？这是毋庸置疑的。海鱼和海藻体内的蛋白质多着哩！

你看，全球每年的海洋渔业产量，1989 年创 1.46 亿吨的最高纪录，后来逐渐减产，现在连 1 亿吨也不到。对于 60 亿的地球人口来说，每人每月连 1.4 千克鱼都吃不到，这实在太不够了。但海洋学家认为，现在捕鱼的海区多半在浅海，广阔的深水大洋区还很少涉及，南大洋丰富的磷虾也没有大量利用。数量众多的海藻中，开发利用的也微不足道，占海藻绝大多数的浮游藻类还没有为人类直接利用；4500 多种固着海藻，也只利用了大约 70 种。所以，海洋渔业还有很大的潜力。有人推算，在不破坏生态平衡的情况下，海洋每年可向人类提供 30 亿吨水产品，以 60 亿人口计算，平均每人每月可得 42 千克，也就是说，每人每天平均可吃 1.4 千克水产品，这是多么诱人的数字！如果真能实现这个目标，那么蛋白质就不会紧张，饥饿也就不复存在了。

当然，要把海洋可能赐给人类的蛋白质全提取出来并不容易，况且气候反常、污染、人为破坏等因素，又常使海洋渔业减产。再说，人口还在不断增长。所以，尽管海洋是富有的，但人类尚无法充分享受，因为我们现在获得海洋生物资源的方法主要仍然靠捕捞，被动地靠大自然恩赐。为了使海洋成为高产、稳产的蛋白质基地，人们正在利用生物高新技术，开展一场"蓝色革命"，让海洋成为人类的蛋白质仓库。

海中的"粮食作物"

科学家预言：海藻是人类开辟未来沿海"耕地"最理想的"农作物"，而收获的"粮食"将达到现在陆地种植农作物的产量的 1000 倍。

海藻养殖并不难。例如海带原来生活在美国白令海峡和日本北海道沿岸，偶然附着在船底被带到中国，在北方沿海生长落户。后来，海带又被成功地移植到中国南方海域，现在我国已成为海带产量最高的国家。

欧洲最大的海藻养殖场在法国布列塔尼岛沿岸。它是一个 6 万平方米的海上实验室。1992年，法国又在北部海普勒

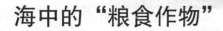

海藻

比扬海外建立一个海藻种植农场，在地中海沿岸还有"海藻花园"、"海藻实验室"，有的实验室建在水下6米深。这种海藻养殖场每年一般可收获2～3次，最多可达4次。

海藻养殖不仅可在近海农场进行，甚至可以在远海建立养殖场。科学家设想，远海养殖场可以开设在受风浪影响较小的海区。养殖场由许多小农场围成，中间是"中央生产平台"，设有太阳能发电厂、海藻综合加工厂、工作人员住宅等设施。平台四周设置许多辐射状巨型杆架，作为种植巨藻的"种植床"，用波浪发电的电力驱动海水涌升泵，把富含营养成分的深层水抽到上层，形成人工上升水流，给"耕田"施肥，促进藻类生长。

不少海藻不需要年年播种，其本身生长速度快，像韭菜那样，割了还可以再长出来。由于海藻生长茂盛，有利浮游生物繁衍，因此为鱼类营造栖息和繁殖场所，招来鱼类定居，形成新型渔场。藻类用"联合收割机"收割起来，送到"水上加工厂"进行综合加工，直到制成富含蛋白质、维生素和多种矿物质的人类食品，如绿色牛排、海藻色拉、海藻饮料等。有的还可制美容产品、药品、家畜饲料、工业原料和有机肥料。如今已有十几种海藻可人工培植，品种必然还会增加。

海上渔场

许多人喜欢吃海鱼，尤其黄花鱼、乌贼鱼、鲳鱼、带鱼、梭子蟹，海洋里的鱼虾蟹不但肉鲜味美，而且营养丰富。捕鱼的船队当然就紧紧盯着人们喜爱的鱼种进行网捕。然而光捕不养，有些鱼会越捕越少，像大黄花鱼已经很少见到了……面对鱼类减产的局面，水产专家也在动脑筋。近年来，中国水产部门向东海放养了几十万尾黄花鱼、带鱼、鲳鱼等鱼种，还有梭子蟹、海蜇等大家喜爱的海产品幼苗。这真是个高明的举措，它将会使东海的水产面貌大为改观。

在北美渔场，人们开发建立了养殖鱼、虾、贝、藻的多极综合养殖设施。直接利用天然海水中的营养成分（如硝酸盐、磷酸钙及其他微量元素）培养各种单细胞藻类，以供给某些浮游动物，然后以浮游动物饲养鱼、虾、贝类。这些海洋生物的排泄物又成为栽培大型藻类的肥源，形成了生物相互依存的关系，以科学的管理增产水产品。

和北美渔场相比，我国辽宁省长海县海洋牧场也毫不逊色。在海岛建立一个海洋牧场综合开发试验区，实现了多品种、多层次的立体生态养殖。

现代化的海洋渔业，还在从单一性围捕向多群放养的牧鱼方向发展。日本建立海上音乐牧鱼场，建立定点的鱼儿聚居的鱼礁、鱼公寓，通过鉴别鱼儿爱听音乐定时向水上播放，促使鱼儿更好更快地生长。

此外，日本还建立鲍鱼养殖场，用极秘密的技术、程序，促使不会生儿育女的鲍鱼能快速繁殖和成长（鲍鱼一般成长较慢，从孵化到成长

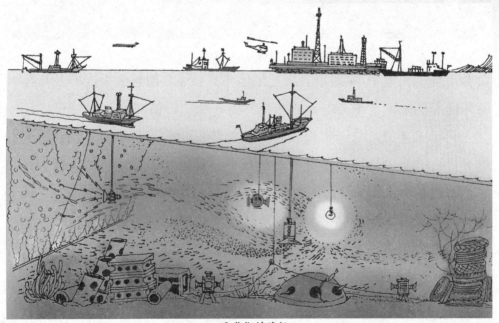

现代化的渔场

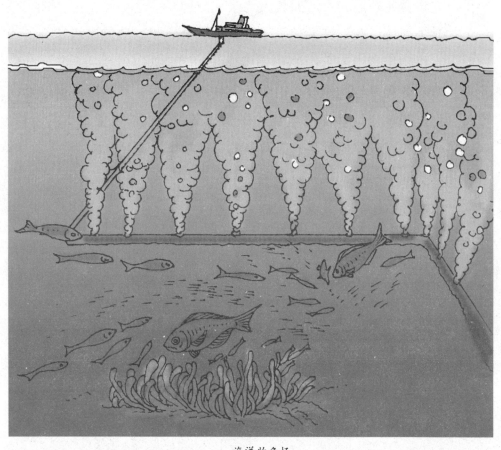

海洋牧鱼场

符合市场规格需 10 年时间，用三倍体不育技术，使鲍鱼少产卵长鱼体），每年向美国输出数千万美元的鲍鱼，每磅鲍鱼价值高达 25 美元。

科学家还通过基因工程和射线照射法，改变鱼儿基因，养育出人们喜爱进食的品种，给创造优质养殖鱼类品种带来美好希望。这种方法还能培育出耐寒的鱼种，使鲑鱼有了新品种。这种养殖和科研相结合的方针，为建立海上大牧场创造了必要条件，使海洋成为人类称心满意的丰富海产食品的可靠来源。

五、向海洋要淡水

淡水是人类赖以维系生命、生活、生存的根本条件。没有淡水，人类无法耕作；没有淡水，工厂就无法开工生产；没有淡水，人的生命都难以长久继续。蔚蓝的海洋虽然覆盖了地球 2/3 的表面，但是，面对海洋里的水，我们只有望洋兴叹。因为海水中含有 35‰盐分。它既不能喝，也不能用，连洗衣服也不可能。

人类真正可以利用的淡水只有江河湖泊中的水以及部分地下水，它们只占地球淡水总量的 0.34%，约 3.5 亿多立方米。其次，那就是两极冰盖、高山的冰川和雪帽、永

冻地带的冰雪。

联合国根据调查数据，早已无数次告诫：人类面临缺水之危险。中国早已排在严重缺水国家行列。科学家越来越认识到要设法向海洋要淡水，人类才得以减缓水荒。

"喝"海水的庄稼

农业生产需要大量的淡水，如果能用海水浇灌庄稼，让庄稼改"喝"海水，就可节省大量淡水。

现在，科学家已经找到了两种方法，可以使庄稼改变原来的"习性"。第一种是寻找能"喝"海水的庄稼。美国亚利桑那大学的研究人员花了10年多时间，走遍澳洲、南北美洲、中东等地，找到1000多种可以用海水浇灌的天然植物，筛选出了一种可以在海水中生长的油料作物，叫比吉洛氏海莲子，代号 SOS-7。

1988年，这种植物在阿联酋试验农场种植，直接用海水浇灌，7个月后结出果实，每平方千米的产量达 210～300 吨。果实含油量高达 26%～33%，可与大豆、葵花籽比美，蛋白质含量很高，可加工成麦片作食用，已有推广价值。

我国江苏省农科人员筛选出黄蓿（俗称盐蒿），它可以用海水浇灌，成熟后可做食品馅料，口感好，甚至能上宴席。

第二种方法是寻找耐盐基因，改变植物基因，适应耐盐条件。以色列科学家在厄瓜多尔加拉帕戈斯群岛的海边，找到一种个子矮小、味道苦涩的耐盐西红柿，提取了耐盐基因，嵌入普通西红柿种子里，培育出可以用海水浇灌的、个大味美的耐盐西红柿新品种。

1995年，我国海南大学研究人员从海滩红树林中提取耐盐基因，植入红豆苗中。用海水浇灌这种转基因的红豆苗，竟开花结果。这些科研成果，为人类利用海水浇灌农田开辟了道路。相信在不远的将来，海滩盐碱地有希望成为郁郁葱葱的新农场。

让海水"帮忙"冷却

工业用淡水中，冷却水用量最大。炼 1 吨钢要用 250 吨冷却水，生产 1 吨合成氨则需 200～500 吨冷却水。假如能够用海水作冷却水，不就省下了相当可观的淡水资源了吗？

然而，运转的机器和管道能不能与海水"相安无事"？我们知道，机器和管道大部分是金属制作的，而海水中的硫酸根离子的浓度比淡水高 10 倍，盐酸根离子（氯离子）浓度比淡水高 330 倍，所以海水会对机器产生严重的腐蚀。

针对这个问题，科学家在试验中采用三种不同方法来解决：

一是外加电流阴极保护法，让金属设备表面通过直流电，改变设备表面与海水中金属离子间电位差，达到防止设备腐蚀的问题。

二是将一种比被保护的金属设备表面电位还要低的金属或合金（如锌棒）作阳极，把它与被保护的金属设备接在一起，以"牺牲"锌棒来保护金属设备。

三是设备中的机器和管道内层（接触海水层）全部用焦油环氧基树脂作涂层，或做聚乙烯衬里、橡胶衬里等。设备经过这样的保护，即使机器与海水"亲密无间"也"相安无事"，使用寿命可大大延长。

机器被海盐腐蚀的问题基本解决后，还有一样讨厌的东西会缠着机器，妨碍机器的工作，那就是生物附着。海洋里的生物会使管道堵塞，设备不能运转。

怎么办呢？一般对策是海水进水口安装严密多层的过滤装置。最好建立冷却塔式的海水塔，可以大剂量使用杀虫剂把海洋生物杀死，还可在设备表面涂成膜物质、毒物、溶剂等配置的防污漆，以防设备表面被海洋生物附着。

海水变淡水

怎样才能迅速而有效地解决人类面临的水荒呢？向海洋要淡水！人们正在想方设法，把海水淡化。

海水淡化最初的办法是十分简单的，只要把含有盐分的海水加热，

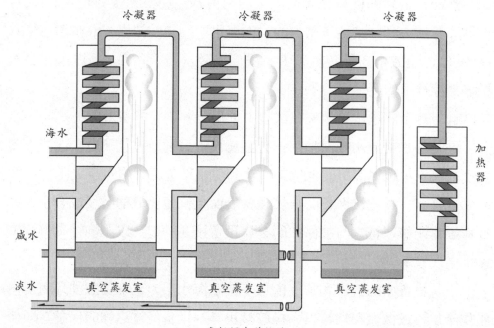

多级闪急蒸馏法

形成水蒸气，让水蒸气冷却、凝结，就变成不含盐分的淡水了。这种方法虽然简单，但要消耗很多燃料，所以并不合算，而且水蒸气冷却凝结时放出的凝结潜热又没有得到很好的利用。后来经过改进，科学家发明了一种叫做"多级闪急蒸馏法"的装置，它采用减压的节能办法（这种办法曾经因为容易结垢而停止）。20 世纪 70 年代以后防垢技术进了一步，

"多级闪急蒸馏法"的装置就又起用了。

　　法国有家公司研制成功一种高效的蒸汽压缩蒸馏系统，造水能力每天 1500 吨，每吨水耗电仅 11 千瓦时，发展迅速。1990 年时，全世界日产水量超过 100 吨的蒸汽压缩蒸馏系统已达 590 多个。

　　利用太阳能蒸馏海水的历史可追溯到 19 世纪 80 年代，但直到 1972 年智利才建立了第一座顶棚式太阳能蒸馏装置。太阳能蒸馏一次性投资大，成本比一般蒸馏法高。不过，它能节约能源，对于日照好而能源缺乏的海岛和沿海地区还是一种有吸引力的方法。

功能膜的"功能"

　　淡化海水的方法还有电渗析法。海水中的盐就是氯化钠，氯化钠中氯离子带负电，钠离子带正电。如果把海水中正负离子都去掉了，留下就是没盐分的淡水了。1954 年，美国人利用离子交换膜建造了第一台日产 106 吨淡水的电渗析淡化装置，开创了膜法海水淡化新纪元。

　　科学家巧妙地将阳离子和阴离子交换膜置入盛有海水的容器中，将海水分隔成三部分。通电以后，海水中

电渗析淡化装置

的离子按自己带电性质运动：正离子穿过阳离子交换膜趋向负电极；负离子穿过阴离子交换膜趋向正电极。当两膜之间海水中阴阳离子都跑掉时，留下的就只有淡水了。这就是电渗析海水淡化原理。

　　科学探索是无止境的。人们发现，猪的膀胱有一种特别的功能，它

能允许水进入而阻止盐分通过，这就叫做反渗透作用。其实，人体细胞膜也有反渗透的作用。应用这个原理，美国人罗伯1960年制备出世界上第一张商业性反渗透脱盐膜，用它可获得可观的淡水产量。由于反渗透脱盐膜的制作费用低、耗能少、脱盐率高、适用范围广，它已经成为目前海水淡化中最有发展前途的方法之一。许多国家都在广泛使用，沙特阿拉伯已建成世界上最大的日产12.8万吨的反渗透膜海水淡化厂。

近几年又出现一种蒸汽透过性功能膜。它是一种只能让蒸汽通过的疏水性微孔薄膜，用它可进行一种叫"膜蒸馏"的新型膜法淡化技术。这种将膜技术与蒸馏技术结合为一体的新型脱盐方法，原理并不复杂，就是让水蒸气通过疏水性微孔膜中的气体介质——空气，从膜的一侧（海水侧）迁移到另一侧（淡水侧），并在淡水侧凝结为水的过程。

驱动这个过程的动力是什么呢？那就是膜两侧海水和淡水液面上饱和蒸汽压的压力差。要满足这一条件，只要使膜两侧保持一定的温度差就行了。因为不同的温度所对应的饱和蒸汽压是不同的。温度高，对应的饱和蒸汽压就大；反之，温度低，对应的饱和蒸汽压就小。按照这个原理：高温海水侧的水蒸气便会源源不断地向低温淡水侧迁移，并凝结成淡水。这种膜蒸馏具有设备紧凑、操作简单、性能稳定、产水质量高等优点。特别是它可在常压下进行，无需把海水加热到沸点，又可设计成潜热回收形式，因此可以大规模、低成本制备淡水，是发展特别迅速的海水淡化法之一。

淡化海水方法无穷

除了蒸馏法和膜法两大类型海水淡化方法外，新的海水淡化法还在不断诞生。

冰冻法　海水结冰时，只有纯水才能呈冰晶析出，盐则不能随水析出，就是说结冰时已将盐分排除在外，取冰融化，可得淡水。利用这一原理进行海水淡化，即为冰冻法。美、英、以色列科学家研究一种冷冻脱盐装置。他们把不溶于水、沸点接近海水冰点的丁烷作为冷冻剂，把它与海水混合，经预冷后进入冷冻室中。室内温度约为 $-3℃$，压力稍低于地面气压。这时丁烷便汽化吸热，使海水冷冻结冰。

溶剂萃取法 某些溶剂，如三乙胺等，在水温下能溶解一定量的水，而当温度升高时，又能将溶解的水分离出来。利用这一特性，又产生了一种新的海水淡化法。

水合物法 某些气体化合物，如丙烷等，与水互不相溶，但在低温下能与水结合成多分子的水合晶体，利用这一特性也可进行海水淡化。

离子交换法 利用离子交换树脂的活性基团，与海水中的阴阳离子进行交换，用树脂中氢氧根离子取代阴离子，用氢离子取代阳离子，最后氢氧根离子与氢离子结合成水，海水中的盐则被去掉。

植物海水淡化法 红树能够淡化海水，能不能用红树林来充当大型海水淡化厂呢？有人设想如果在海岸和耕田之间种上一片宽为 500 米的红树林，海水通过这片红树林时，海水含盐量就可以从 35‰ 下降到 17‰，这样的水可直接用来浇灌农作物了。

六、向海洋扩展生存空间

很多科学家认为，地球上的生命起源于海洋，海洋是生命的摇篮。当人类在陆地上生存发展了几百万年后，人类的数量越来越多，生存的空间变得越来越小，赖以生存的各种物质也越来越缺乏，于是返回老家——海洋的呼声愈来愈高。当然，进化是不可能走回头路的。人类所要做的是利用自己创造出来的技术，去海洋里扩展生活空间。

眼下，人们已经在海上建屋架桥、凿洞、旅游了，并且也已经到海底去考察，甚至去居住了。海洋

是陆地面积的 2.5 倍，它的空间更是巨大，人们已充分地认识到了这点，决心去那里开辟人类生活的另一个空间。

开发人工岛

日本四周环海，国土面积狭窄。日本已在海上建造人工岛方面积累了相当丰富的经验，在周围浅海中造了不少人工岛，其中著名的神户港外的人工岛就是一座小型的海上城市。

神户是世界著名的海港，也是日本第一大港。它依山傍水，工厂林立，人口众多，拥挤不堪。为了适应港口货物吞吐量不断增加的需要，解决城市用地问题，日本于 1966 年动工，削平城内的六甲山，在港外离市区 3 千米、水深 10 米的海上移山填海，用 8000 万立方米土石填成了一个长 3 千米、宽 2.1 千米、面积 4.4 平方千米的人工岛。历经 15 年，于 1981 年完成，取名为"港岛"。为了保护岛屿免受风浪袭击，在岛外还造了一条长 3040 米的护岸和长 1400 米的防波堤。

港岛周围修建了 12 个集装箱码头和 16 个外贸定期航船专用泊位，可同时停泊 28 艘大型海轮。岛中央有 1.3 平方千米的宽阔市区，分成国际区、公共区和公园区三部分。建有高楼大厦、广场、公园、游泳场、体育中心、时装中心和幼儿园、中小学校、医院及垃圾处理厂。燃烧垃圾产生的热量用于温水游泳池。无人驾驶的自动电车是环岛交通工具。长 3911 米的"神户大桥"连接港岛与神户。桥分两层，还设有人行道。站在桥上可饱览港湾景色，

海上音乐喷泉

人工岛

令人心旷神怡。

1972 年，日本又在港岛东侧建造了另一个 "六甲人工岛"，面积 5.8 平方千米，有现代化的码头、住宅区和商业区、公园和学校。市区中心绿树环抱，环境幽雅，现有 3 万居民。

韩国也计划在釜山近海建一个面积 6.1 平方千米的人工岛。建成后，它将成为最大的海上人工岛。

英国在 1968 年设计了 "海上柱子城"。选在英国东海岸 24 千米外、水深 9 米处，在海底每隔 6～9 米打钢管柱子，柱子高出海面 10 米，以固定构筑钢筋砼平台。房屋顶全部拱形防风，四周筑防波堤。柱子城长 1.4 千米、宽 1 千米，建公寓、学校、医院、文娱场所，中心还有人工湖、水产养殖场、海洋科研机构。用海底天然气供能源，用无噪声和废气的电动车为交通工具，海底电缆供电。

在 20 世纪，科学家针对海上城市的建筑材料需要如何防风、防波浪、抗腐蚀，以及交通能源如何实行环保等，已有很多探索。到 21 世纪，海洋上将会出现越来越多的新城市。

地处波斯湾的阿拉伯联合酋长国计划在迪拜沿海地区打造一组名为"太阳系"的人工岛。

从高空俯瞰阿联酋的迪拜，依稀可见两棵巨大的棕榈树漂浮在蔚蓝色的海面上。仔细辨认，棕榈树竟是由一些错落有致、大大小小的岛屿组成。除棕榈树外，还能看到由300个岛屿勾勒的一幅世界地图。缩小的法国，美国佛罗里达州、俄亥俄州都包括在内，甚至原本冰雪覆盖的南极洲也处在当地的炎炎烈日之下。

然而，这一派奇特景象并非大自然的鬼斧神工，它是迪拜雄心勃勃的人工岛计划——棕榈岛工程的一部分。这项耗资140亿美元的庞大工程完工后，世界上最大的人工岛就会浮出海面。

在海上建岛的工程引来不少批评。一些环保组织警告，大量挖泥机在沿海地区作业会破坏海洋环境，人类活动也会加大当地污染，给生态环境带来压力。

在我们上海的奉贤近海，正计划建造一座造型酷似白玉兰的海上人工岛。建设方式基本采用填海式、浮体式、围海式和栈桥式。它综合利用城市建筑废弃物，从而推动循环经济和节能减排。人工岛上的海上城在10～15年之后建成。届时，海洋的风力和潮汐将为岛上带来能源。饮用水，用海水淡化的方法提取。

近几年来由于受到人口增长压力的影响，荷兰开始考虑并计划在其北部北海海域建设一个郁金香形状的面积10万公顷人工岛屿，以缓解人口压力和避免海滨地区遭受海平面上升而导致的灭顶之灾。这项计划已经开始逐步实施，相关的公司和投资商都表示了极大的兴趣。在2007年10月份举行的一次民意测验显示，荷兰人对海水入侵和海岸线生态环境恶化的担忧远高于对恐怖袭击，但大多数荷兰人对荷兰专家防止海水入侵的技术能力表示充分信赖，这也鼓励了那些支持计划的官员和专家。

由于这个人工岛屿面积巨大，100亿欧元的造价也打破了世界纪录，欧洲的地理版图甚至都将可能要重新绘制。

海上工厂

德国在海上造了一艘浮动化工厂，日产氨1000吨。它远离居民区，较安全。巴西向日本订购了海上纸浆厂，已托运到美洲，是两艘连接的45米宽、230米长的浮船。浮船上装有发电设备和纸浆机，工厂面积是陆地建厂的1/5。在亚马孙海湾利用热带雨林植物作原料，年产纸浆26万吨。原料用完，水上工厂就移到其他地方。雨林植物生长快，复长后原料够了再回来。新加坡将一艘报废远洋货轮，改装成一个海上牧场，养奶牛6000头，用海藻作饲料，牛粪沤沼气发电供能源，发动海水淡化设备供水。

在20世纪，各种小型海上发电厂出现不少，美国新泽西州建海上核电厂，发电

海水加工厂

量 115 万千瓦。电厂实际上是两艘大平底船，四周建防波堤。美国还在夏威夷建造了海洋温差发电厂。海洋工厂是 21 世纪空间开发趋势之一。它与海洋资源利用结合时，具有更高经济价值。

到海上建仓库

粮库、油库、食品库、材料库、废品库、危险品库，甚至军火库，它们占用了大量宝贵的地方！海洋那么大，我们能不能把仓库建到海上或者海底去呢？这真是一个绝妙的主意。

海洋是够大的，把眼下陆地上所有的仓库都搬到海上去，只会占去海洋的一个小小的角落。还有，海底温度低，易于保存物质，特别是粮食和食品。把粮食和食品储存在海底，与人们用陶瓷制成坛坛罐罐储存东西，存放于湖底或井底的道理不是一样的吗？海底远离人群，在那里存放易燃易爆物品恐怕最合适不过了。海洋远离火源，存放石油和天然气也较为理想。

一些国家已捷足先登，率先到海底建起了自己的仓库。

挪威在北海东部的油田附近，建造了一个油库，用钢筋混凝土制成，搁在水深 70 米的海底，顶部高出水面，可储放 16 万立方米原油。当然，存储和提取的操作全是由电脑控制的。

美国在波斯湾离岸 100 千米的海上，建了一个无底油库，实际上是一个巨大的无底罐。由于油比水轻，罐内的油浮在上部，水沉在下部，所以油不可能从下面漏出去。罐内的油多了，水就下降；油少了，水就上升，等于把油罐倒放在一个能够自动升沉的水面上，水就是罐底。这个油库可储存原油 608 万立方米。

日本于 1988 年在白岛、上五岛建造了两座世界上最大的海上油库，储量分别是 560 万立方米和 616 万立方米，可作石油储备仓库。美国人

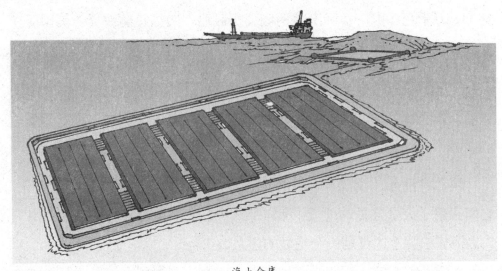

海上仓库

也在阿拉伯联合酋长国的外海建了一个浮动油库。这种海上浮油库现在还不多，将来肯定会越来越多。

1988年，我国与芬兰合作，在青岛附近海面建造了一个面积3万平方米的海上贮木场，能存放1万多立方米木材，节约了大量的土地资源。

当然，海底粮库尚没有实现，但日本已有设想，计划在水深50～100米的海底建几座容积为3000立方米的大型粮库。科学家曾做过实验，在海洋中储存过的大米煮饭更好吃；储存过的酒也更醇郁。在打捞沉船时，人们发现其中的食品因在海底高压、冷冻条件下，食品保鲜时间更长更好。

未来，海洋将成为储存各种物品的仓库。

海上飞机场

飞机场占地面积大，飞机起降时噪音大，废气多。为了节约土地，防止噪音，减少大气污染，省节成本，许多沿海国家又打起了大海的主意，利用海上优势把飞机场建到海上去。在海上建空港，可以让飞机在远离城市的海上起降，也是十分安全的。

海上机场和陆地上的机场一样，也有漂亮的候机厅、宽阔的起飞跑道。美国的夏威夷机场、斯里兰卡的科伦坡机场、新加坡的樟宜机场、日本的长崎机场，都是用填海的办法建造起来的海上空港。我国上海的浦东国际机场，一部分也是填海建造起来的。香港的新机场，是在大屿山北侧一个只有300多公顷的小岛赤腊角，用大屿山削山填海，使小岛与大屿山地区相连建成1215公顷的赤腊角国际机场。一条1377米长的青马大桥把大屿山岛与九龙连接，这样就使没有大片平坦空地的香港有了宽敞的现代化国际机场。

目前，世界上规模最大的海上机场，是日本关西国际机场。它是1995年竣工投入使用的，建在大阪湾泉州冲外5000米的海中，靠半潜式钢制浮球支撑。机场长3270米，宽1250米，高出海面15米，面积5.1平方千米，相当于700个足球场那么大。两条跑道分别长3000米和1200米，每年可起降飞机16万架次，载客3000万人次。空港由一条长3.8千米的铁路、公路双层桥与大阪市相连。港内有购物、餐饮街和住宿设施。由于远离市区，所以一天24小时都可使用，不会影响居民生活。

乘坐直升机上天巡视，机场的浮体岛屿非常漂亮，连接的大桥好似一条长长的缆绳，把这浩淼洋面上的一叶小舟似的人工岛牢牢系在大阪湾里。可以毫不夸张地说，这里每一寸土地都是用金钱堆成的，打入海底的钢桩多达100万根以上，在堤内侧投入的泥沙土方总计超过了1.5亿立方米！

海峡隧道

海峡是大海间的咽喉，它像天堑一样把大陆和大陆、大陆和海岛隔开。隔岸相望的海峡最窄处也有数十千米到几百千米宽呢！波涛的阻隔给两岸带来不便。虽然有的地方已建起了跨海大桥，可是，海上风大浪狂，潮高流急，又有强大的腐蚀性，不是什么地方都能造大桥的。有些地方，如英法之间的英吉利海峡，日本本州岛和北海道之间的津轻海峡，都是风大浪狂的地方；加上距离又远，不要说造大桥不容易，就是造好了，恐怕也难以长久。怎么办呢？科学家认为，建造海底隧道是最好的选择，它不受坏天气影响，人们可以来去自如。

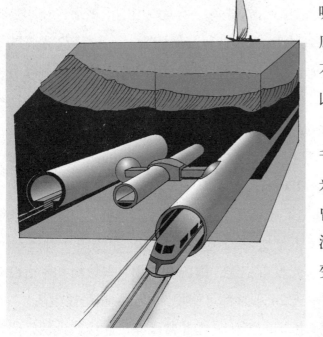

津轻海峡宽度100多千米，最窄处也有20千米，那里常有惊涛骇浪，曾经有1000多人因乘船渡海而丧生。这里的气候变化无常，常有台风袭击，

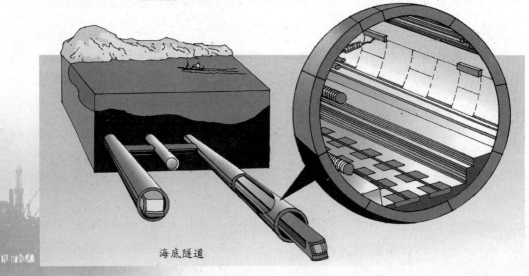

海底隧道

水流又十分湍急。

1972 年，海底隧道工程正式开工，经过 16 年艰苦挖掘，这条名为"青函"的海底隧道，终于在 1988 年正式通车。它连结本州北端的青森与北海道南端的函馆，全长 53.8 千米，其中海底部分是 23.3 千米，最深部分在海底以下 100 米深，离海面 240 多米。挖土 1000 多万立方米，用去水泥 76 万吨，钢材 12.4 万吨。参加人数累计 1100 万人次，相当于日本总人口的 1/10。隧道建成后，电气火车越过津轻海峡仅需 30 分钟，而过去乘船则长达 4 小时。这条海峡对日本的经济发展起了很大的作用。

英吉利海峡和多佛尔海峡是英国与法国之间的两条海峡，英吉利海峡较宽，最窄处也有 96 千米；多佛尔海峡较窄，最窄处仅 33 千米，最小水深 27 米。它们是国际上海运最繁忙、通过船只最多的海峡之一。然而那里风大浪高，雾霭迷茫，浅滩广阔，礁石丛生，因而海难不断，油轮失事造成的污染日益严重。

1993 年 12 月 10 日，英法两国终于建成了英吉利海峡隧道。隧道建在英国的多佛尔市附近的切里顿和法国加来市附近的弗雷顿之间的海底，全长 53 千米，在海底以下 39 米通过，是目前世界上最长的海底隧道。它由两条主隧道和一条服务隧道组成。主隧道直径为 7.3 米，一条供伦敦去巴黎的高速火车通行，另一条供专门运载各种车辆和人员的高速火车通行。服务隧道直径 4.3 米，建在两条主隧道当中，用于通风和维修服务，每隔一定距离有一条横向隧道与主隧道相通。过去乘船过海峡从巴黎至伦敦需要 5 小时，现在只需 3 小时，而通过隧道仅需 35 分钟。

长久以来，人们期盼建成欧非海底隧道，它全长约 40 千米，于 2008 年开工，约需 20 年才能建成。

全世界目前已建成和正在建造的海底隧道有 20 多条，还有一些隧道正在拟议之中。在 21 世纪，最令人振奋的是建造白令海峡海底隧道。一旦建成，它将把世界主要大陆连在一起。

跨海"长虹"

　　大桥能够跨过江河，却难以跨越大洋。不过，海洋里的一些海峡、近海的许多岛屿间，却是可以架大桥来相通的。

　　横跨博斯普鲁斯海峡的大桥，就是一座沟通亚洲与欧洲的大桥。它全长1560米，中央跨度1074米，于1973年建成通车。1983年，在法国和中国的帮助下，科威特大陆与布比延岛之间，也建成了一条全长2383米的跨海大桥。

　　世界上最长的跨海大桥，是波斯湾上连接巴林与沙特阿拉伯的公路大桥，全长达25千米，用了16万吨水泥、4.7万吨钢材。它中间经过乌姆娜桑岛以及两个人工岛。该桥上下有4个汽车道，每天可通过

东海跨海大桥

5000 ～ 10000 辆汽车，它的建成，密切了两国的贸易往来，使巴林这个原来不怎么出名的小国，成了波斯湾地区的金融和旅游中心。

美国的金门大桥也是一座跨海大桥。建在美国旧金山市旧金山湾的海峡上，它有 452 根巨型钢缆悬吊着，是一座悬索桥，全长 2824 米，即使是高潮时，海面与桥底的距离也有 67 米，巨轮出入可畅通无阻。它的历史比较长，于 1937 年 5 月 27 日就建成通车了。

1991 年 12 月 19 日正式通车的我国最长的跨海大桥——厦门跨海大桥，全长 6599 米，宽 235 米，双向 4 车道。

1999 年 6 月 1 日，我国华东地区第一座特大型跨海大桥——朱家尖海峡大桥建成通车。大桥建设里程 6085 米，桥长 2706 米，宽 12.5 米，跨越舟山与朱家尖岛之间的普沈水道。如今，舟山群岛地区的 6 座跨海大桥耸立在海上，沟通宁波与舟山本岛，途中经过黄蟒岛、金塘岛、册子岛、里钓山、富翅岛等岛屿。这 6 座跨海大桥分别是蛟门大桥、金塘水道大桥、西堠门大桥、岭港大桥、响礁门大桥和桃夭门大桥，总长 11 000 米。

上海于 2006 年完成上海浦东芦潮港至洋山深水港之间的"东海大桥"，全长 35.5 千米。2008 年 5 月 1 日，杭州湾跨海大桥建成通车。它全长 36 千米，成为世界上最长的跨海大桥。

去海上旅游

人类自古就有关于海底水晶宫、龙宫的神话，表达了人们向往海洋生活的愿望，21 世纪，到海上旅游已经成为热点。为了满足人们这方面的要求，世界各国正在为旅游者设计海上公园、海上旅馆。

澳大利亚神奇美丽的大堡礁开发建设为海洋公园后，立刻吸引了世界各国游客。新加坡造船厂为其设计建造了浮动式 7 层海上宾馆。它

海上旅馆（韩国）

海底公园（日本）

耸立在海洋公园的中心。海上宾馆有175间客房，可容纳200人的会所，还有直升机场、潜水码头、网球场、体育馆，游客如潮。

韩国也在济州岛离岸300米、水深15米处，建造了水上55层、水下7层，直径160米的圆锥形海洋宾馆。55层顶上风力发电和太阳能集热器提供宾馆能源，设施先进；游客还可以观赏到海底水族，在海洋娱乐休闲中心进行潜水摄影；在游艇上尽情享受驰骋大海的乐趣，已经成为一个世界级的著名旅游点。

世界上著名的海洋旅游景点，还有日本水下观光塔和海底公园、塞班岛水下游览器、地中海"阳光海滩"等各种海洋旅游建筑200多处。

除了海上旅游景点，为了满足人们去海底生活的愿望，美国的"海神度假公司"在西南太平洋岛国斐济附近的一处水深18米的海底珊瑚礁旁打造一座"海底宾馆"。客人们住在这个特殊的宾馆里，躺在客房的床上，就可以观赏到海豚和鲨鱼等海洋水族在海水中自由游弋。

　　在迪拜市附近一个波斯人造深湖中，海德罗波利斯公司打造一座水下宾馆，包括一座音乐大厅，一个带有人造云的假海滩，以及200个房间和30个套间。两座宾馆都将采用优质钢和强力丙烯酸塑料制成。用丙烯酸塑料制成的天窗白天可以变得透明，让旅客通过窗户观赏优美海底风景；而到夜晚，为了保护旅客隐私，这座窗户可控制电子云变成不透明状。

海上酒店（迪拜）

七、潜入海底

人类的足迹已经踏上了 38 万千米之遥的月球，但近在身边的深海底，却仍然是一块神秘的禁地，人类至今还没有能力在离海面仅 11 千米的深海底留下自己的脚印，这不能不说是一大遗憾。入海真的比登天还要难吗？是的，至少目前来说是这样的。

为什么？因为入海还存在着许多难以逾越的障碍。

首先是巨大的压力。水深每增加 10 米，压力就要增加 1 个大气压。在 11 000 米深的海底，压力将高达 1100 个大气压。

其次是呼吸问题。人在水中，其胸部、肺部甚至心脏都要受到高于 1 个大气压的压力，因此他的器官就会受到挤压，会因无法呼吸而死亡。

第三是恶劣的环境。黑暗、寒冷、复杂的海况甚至凶猛的鲨鱼，也都是人在海下活动不可小视的障碍。可见，下海的确比登天难。

挑战深海

自古以来，人类就为了能在河海江湖中来去自如而努力挑战着。为了采珍珠，经过训练的男女青年，可以潜入水下 10 ～ 25 米。在南太平洋的土阿莫土群岛采集珍珠的"海士"，能够屏气 2 ～ 3 分钟下潜到 35 米、甚至 45 米，其实这是非常危险的。他们会得一种职业病，头晕、恶心、麻痹，耳膜破裂甚至会危及生命。

下潜到更深的水中，就要用潜水设备了。19 世纪初，英国人用头盔连接压缩空气，穿着笨重的潜水服、金属靴子，前后背着沉重的压铅，能在 60 ～ 200 米海底作业。1943 年法国人斯库特等人发明了能自动供气的"水肺"，背上背着压缩气筒、调节器，穿着轻便保暖的潜水服，足蹬脚蹼，如青蛙般在水中游潜，最大深度可达 60 ～ 70 米。

英国著名潜水员亚历山大·兰伯梯有一次下海，寻找藏在沉船密室里的黄金。在 50 米深的海底，他终于找到装有珍宝的沉船密室，捞到价值 50 万美元的黄金。可当他回到了水面，竟一病不起。原来他得的是"减压病"，是因上浮太快，从深水至浅水所受压力突然下降，下潜时吸入空气中的氮气就大量溶解在人体组织内，上浮时溶解在体内的氮气就会在血液、肌肉、关节等处形成许多小气泡，引起组织坏死、神经障碍、关节疼痛和头痛等。减压病会使人严重瘫痪，甚至窒息死亡。

1907 年，美国科学家阿尔登等人研究潜水病，搞清了其中的原因。阿尔登发现潜水员在不到 12.5 米深处可直接返回水面，要是超过了这个深度，就必须按照他研制的潜水减压表所规定的程序，在水中分段停留减压，以便让体内氮气慢慢散出，排出体外。这样才可以防止减压病的发生。但即使这样，有的潜水员在浮出水面时仍有一些奇怪的症状，如兴奋多语、无故发笑、惊慌忧虑，有的还有幻觉，甚至麻醉性昏睡，丧失神志，像喝醉酒似的。这样的病症被称作"海底酒醉"。这又是怎么回事呢？

1935 年，美国贝尔卡才等又揭开了病因之谜。原来这种病还是氮气作祟。在深度潜水时，空气压力加大，血液及人体组织氮的含量也增加，达到一定数量就会对神经细胞产生抑制作用，导致"海底酒醉"。

既然是氮气在作怪，那么，为什么不可以设法把氮气除掉，换上其他没有麻醉效应的气体，制造一种更适合于水中呼吸的人造空气呢？于是，科学家们开始着手寻找那些不会引起麻醉的气体。

经过反复试验，人们找到了氦气。科学家惊奇地发现，用氦—氧混合气体进行试验，在压力达到 50 个大气压力之前，也就是说在水深不超过 500 米的海中，不会产生麻醉效应。

饱和潜水

人们虽已越潜越深，但为克服减压病，在返回时，潜水员还得慢慢地上浮，以适应压力变化，而且减压时间也随潜水深度和作业时间增加而延长。如呼吸人工配制的氦氧混合气体，下潜 100 米，工作 2 小时，则需减压 14.5 小时；而潜到 215 米，作业 25 分钟，减压时间需 30 小时。这种方法

缺点是工作效率低，时间都花在下潜、上浮和停留上了，不能满足大深度潜水作业需要。

20世纪50年代末期，科学家发现潜水员在潜水过程中氮、氦等气体会逐渐溶解在人体内，随着潜水时间增加，体内溶解的中性气体含量不断增加，但潜水一定时间后，体内中性气体便达到饱和状态。如果潜水深度不变，潜水时间无论怎样延长，返回水面时所需减压时间都一样。这一原理被称为"饱和潜水"。利用饱和潜水技术，潜水员可以长时间地在深水下工作和生活，大大提高了作业效率。

现在，人体模拟直接潜水、饱和潜水的实际深度最大已达686米。人体能忍受的最大压力究竟有多大？在模拟潜水实验室里，加压到260个大气压，能使人体细胞变形。于是有人推测，人类最大潜水深度是2600米。由于高压条件下，各种呼吸气体成分的压力对潜水人员生理功能的影响十分复杂，所以即使穿上最现代化的经过密封增压的潜水服，最大潜水深度也不能超过438.912米。

形形色色的深潜器

潜水员穿着最现代化的抗压潜水服，目前最大的潜水深度也不到450米，离开世界最深的海渊11 034米还差得相当远。为了到水下考察、采样、勘探、打捞、救生，人们又以坚毅的决心，向深海进军。于是诞生了多种多样的深潜器，实现人类"可下五洋捉鳖"的壮志。

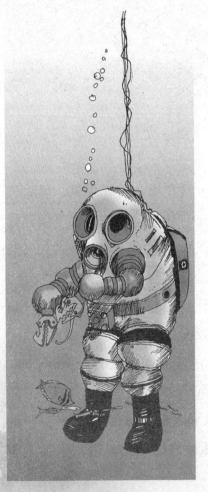

1960年1月23日，雅克·皮卡德和沃尔什乘坐"的里雅斯特号"潜水器，在太平洋的马里亚纳海沟，下潜到10 916米处，创造了人类下潜最深的世界纪录。

1973～1975年，美法联合调查大西洋。科学家乘坐"阿基米德号"、"阿尔文号"和"塞纳号"一起对地球最大的伤痕——大西洋中脊上的裂谷进行调查，发现两大块热液矿床。在2800米的海底，发现了6～7米硕大无朋的巨蟹，又在7000米深的裂谷中发现生长在岩石裂缝中的海绵和软珊瑚，以及生长在沉积层上的海百合。

1995年3月24日，日本"海沟号"无人潜水器潜入海洋深处，成功拍摄到鱼儿在最深海底畅游的图像，采集了海底岩石和沉积物的标本。1995年11月，

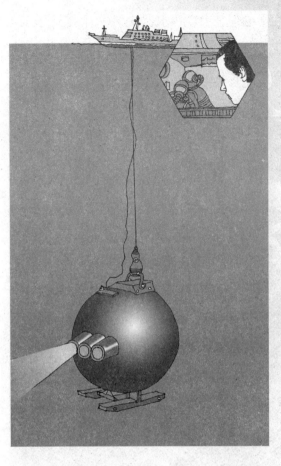

被誉为水下飞机的"深潜一号"在美国蒙特雷湾水域首次深潜试验。它能像一架战斗机一样在水下"飞行"，可以作横滚翻动作，最高时速达28千米，并能垂直上浮下潜，而别的潜水器往往因操纵困难而速度缓慢。

已知世界上有5艘潜水器可以潜到6000米深处，这5艘潜水器是美国海军"海崖号"，法国"鹦鹉螺号"，苏联"和平一号"、"和平二号"，日本"深海6500号"。

"深海6500号"长9.5米、宽2.7米、高2.2米，重26吨。其外壳由钛合金制成，厚73.5毫米，乘员是驾驶、副驾驶和科学家。最大时速4.6千米，有3个透明塑料窗可直接观察海底景象，配彩色摄像机和立体静止摄像机；有压缩机械手能自如地伸缩，采集泥沙生物样品；高速数字传输系统，可以把海底画面传送给水面船上。它的动力源是油浸银锌电池。

我国第一艘载人深潜救生艇于1986年投入使用，全长15米，排水量35吨，最大下潜深度600米，可容4名艇员，每次能救援22人，装有水下电视、声成像声纳、定位声纳以及机械手等。目前我国是少数几个掌握潜艇水下对接人员结构技术的国家之一。

世界各国制造了一些无人有缆潜水器。日本1993年制造的"海沟号"是目前世界上唯一能下潜到万米洋底的。通过一条与海面母船相连的长

12 千米、重 15 吨的动力和通信光纤电缆操作,潜水器上装 7 个推进装置、5 台摄像机、2 只机械手、1 台海底声学探测装置,通过电缆可把精密彩色画面传送到母船。它曾拍摄了马里亚纳海沟海底生物图像。

无人有缆潜水器中的美国"小贾森号"是最引人注目的。它能在海底采集样品,又能利用照相机、声纳等收集图像和声音资料,通过光缆传输给母船。这类潜水器中还有不少专业机器人:海底矿物资源采集机

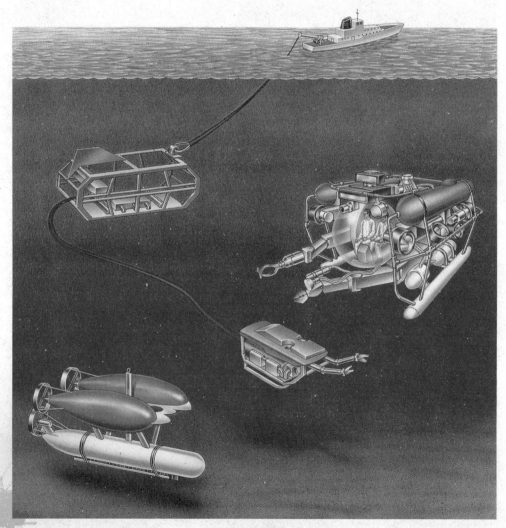

各种潜水器

器人、水下爆破机器人、搜索和救人机器人、石油管线检查机器人、掘土机型机器人，工作深度最大可达水下 600 米。

我国 20 世纪 80 年代就开始研制无人有缆机器人，到 1993 年先后开发了"海人 1 号"、"SST-10"、"SSTU-40 型"、"金鱼 3 号"、"8A4型"等十多种水下机器人，工作最大深度 600 米，技术上接近世界水平。1995 年我国又用新研制成功的水下机器人深潜到 6000 米海底，在太平洋赤道附近成功拍摄了埋藏在海底的多金属结核的图像。

无人无缆潜水器既不载人，也不拖缆，与工作母船没有机械上的联系，自己提供动力，可在海洋中自由活动，是潜水器中的后起之秀，有很大发展前途。1980 年法国建造的"逆戟鲸"最大工作深度 6000米，已进行 130 多次作业。1987 年建造的"埃里特"可用于水下钻机检查、海底油井设备安装、油管铺设、锚缆加固等复杂作业，工作深度500 ~ 1000 米，智能化程度比"逆戟鲸"高得多。

潜水器是 21 世纪海洋舞台上的重要角色。它开创了深海探索的新时代，为海洋开发提供了重要的技术，将给人类带来巨大的利益。

测 试 题

一、选择题

1. 海洋约占地球表面积的___。
   A. 60.8%　B. 70.8%　C. 80.8%　D. 90.8%

2. 每年的___是世界海洋日。
   A. 2 月 2 日　B. 7 月 18 日　C. 9 月 10 日　D. 10 月 10 日

3. 在我国大陆边缘的四个海之中，最浅的海是___。
   A. 渤海　B. 黄海　C. 东海　D. 南海

4. 大洋海水的盐度为___‰左右。
   A. 20　B. 25　C. 35　D. 40

5. 世界上淡水资源储量最丰富的地方是___。
   A. 亚洲　B. 大洋洲　C. 南极洲　D. 北美洲

6. 至今发现的海洋生物大约有___种。
   A. 150 万　B. 200 万　C. 250 万　D. 300 万

7. 生物学家一般根据___来确定一条鱼的年龄。
   A. 鱼的长度　B. 鱼身上的鳞环

   C. 鱼的牙齿　D. 鱼脊骨的长短

8. 我国在南极建立的第一个科学考察站是___。
   A. 中山站　B. 黄河站　C. 长城站　D. 泰山站

9. 最深的海沟是___。
   A. 毛里求斯　B. 日本海沟　C. 马里亚纳海沟　D. 菲律宾

10. 世界上最大、最深、岛屿最多的海洋是____。

   A. 太平洋　B. 大西洋　C. 印度洋　D. 北冰洋

11. 世界上海底石油资源最丰富的洋是____。

   A. 太平洋　B. 大西洋　C. 印度洋　D. 北冰洋

12. 我国是世界上海疆最宽广的国家，有____平方千米的海洋国土。

   A. 200 多万　B. 300 多万　C. 400 多万　D. 500 多万

13. 海洋中被人类称为"第三种粮食资源"的是____。

   A. 鱼类　B. 海兽　C. 藻类　D. 海水

14. 太平洋是五大洋中最深的洋，平均深度约____米。

   A. 3520　B. 4028　C. 5245　D. 6723

15. 我国东海属于浅海，大部分水深在____米。

   A. 50～100　B. 50～150　C. 50～200　D. 100～200

16. 地球上最大的海是 ____。

   A. 地中海　B. 红海　C. 珊瑚海　D. 黑海

17. 被称为"国防元素"的金属是 ____。

   A. 镁　B. 金　C. 铅　D. 铁

18. 在海洋里有一种可以燃烧的"冰"——天然气水合物，也叫"可燃冰"。每立方米的可燃冰可以释放出 164 立方米的____气体。

   A. 二氧化碳　　B. 甲烷　　C. 氢气　　D. 氧气

19. 1948 年，瑞典科学家乘坐"信天翁号"考察船在红海海底 2000 米处，发现存在一种"热盐水"的奇怪现象，又发现____中富含铁、锰、锌、铜、银、金等多种金属元素。

   A. 多金属软泥　B. 锰结核　C. 矿物盐　D. 多金属盐

20. 世界上最大的珊瑚礁——大堡礁位于____。

   A. 加拿大　B. 澳大利亚　C. 墨西哥　D. 南极洲

21. 1978～1979 年，日本海洋科技中心建成了世界上最大的___。

    A. 太阳能发电船　　B. 潮汐发电船

    C. 风能发电船　　　D. 波浪发电船

22. 在热带洋面上生成发展的中心最大风力___级称为台风。

    A. 7～8 级　B. 10～11 级　C. 10～12 级　D. 12 级以上

23. 经科学测试，在 1 平方米海面上，从一起一伏的波浪中可获有___瓦的功率，假如用来发电，一天就可产生 6 千瓦时的电能，足够一个普通家庭一天的用电量。

    A. 150　B. 200　C. 250　D. 300

24. 太阳赐予地球的热量，有绝大部分落进了海洋的怀抱。据估计，落入大海怀抱的热量，每秒钟有 6650 亿千卡，约相当于___亿吨煤燃烧放出的热量。

    A. 1　B. 2　C. 3　D. 4

25. 海流是沿着固定的路线急速流动着的。海流的流速一般每昼夜为___千米。

    A. 10～40　B. 20～70　C. 30～70　D. 40～90

26. 有"海底露天矿"之称的海洋宝藏是 ___。

    A. 海滨砂矿　　B. 多金属软泥

    C. 多金属结核　D. 深海热液矿藏

27. 1988 年，人造皮肤终于成功面世了。这种人造皮肤对治疗烧伤创面有很大的作用，这项成果荣获了第 37 届布鲁塞尔"尤利卡"世界发明金奖。那么，人造皮肤是用___做的。

    A. 章鱼　B. 海星　C. 珊瑚　D. 甲壳素

28. 在海洋开采石油、天然气，重要的是建造出能抗海洋风浪的 ___。

    A. 气垫船　B. 航空母舰　C. 石油开采平台　D. 海底隧道

29. 陆地上可供开采的铀矿仅 150 万吨不到。这种核燃料在海洋的海水中大量存在。每 1 升海水中存有 3.3 微克铀，整个海洋中铀的存量就达 45 亿吨左右，是陆地储量的___倍。

 A. 1000　B. 2000　C. 2500　D.　3000

30. 科学家发现还有一种核能，那就是用___和重水（氘、氚）进行核聚变。核聚
变发电可以产生更大的能量。估计到 2013 年可能建成世界上第一个核聚变反
应堆。

 A. 铅　B. 溴　C. 镁　D. 锂

31. 德国科学家发现一种海藻也有吸附铀的本领。经过培养，它的吸铀本领一经
发挥，其体内含铀量竟然能比海水含铀量高___万倍以上。

 A. 1　B. 2　C. 3　D. 4

32. 地球上，每天有规律地发生两次涨潮、两次退潮。海洋的这种"呼吸"，使海
水水位差动能势产生了巨大的 ___。

 A. 公转　B. 自转　C. 震颤　D. 抖动

33. 地球的海洋面积约 3.6 亿平方千米，全球波浪的平均总功率就有 90 万亿千瓦，
一年就可发电 567 亿亿千瓦时，约相当于当前全世界总电量的___万倍。波浪
可真是个不简单的"大力士"！

 A. 1　B. 2　C. 3　D. 4

34. 有人从理论上计算，每条江河入海处的海水渗透压差相当于___米高的水位落
差。据了解，在这么高的地方建造大型水力发电站世界上还寥寥无几呢！

 A. 140　B. 240　C. 340　D. 440

35. 海洋里有一种长相丑陋的动物。它头胸部较大，披着铠甲，呈半月形，尾巴
像一柄长长的宝剑。它的名字就叫___。科学家用它制成试剂，可以检测食品、
药品是否被细菌毒素污染。

 A. 乌贼　B. 河豚　C. 鲨鱼　D. 鲎

36. 1973 年，英国的索尔特教授采用鸭子形凸轮为主件。由 20 多个 6 米高的点头
鸭凸轮连在一起，横着面对波浪，点头鸭的"身体"用锚固定在 100 米深的

海床上，发起电来就像水面上有一排鸭子在不停地点头。这种装置发出的电能由海底电缆传送到岸上，结构简单，效率高达 ___ %。

　A. 70　B. 80　C. 90　D. 95

37. 1973 年，美国莫顿教授提出一个 ___ 方案。这个设想是将一组巨型的相当于建筑群那么大的涡轮发电机，用固定在海底的缆绳系住并悬浮于海中。当海流通过导管时，带动涡轮机像风车般转动而发电。

　A. 牛顿　B. 科里奥里　C. 林肯　D. 莫顿

38. 俄罗斯科学家提出利用对流层的风力进行发电。因为离地面 10 ～ 12 千米的大气对流层，风速可达 ___ 米 / 秒。他们考虑将质量 30 吨的风力发电机用气球升到对流层。

　A. 25 ～ 30　B. 40 ～ 50　C. 50 ～ 70　D. 70 ～ 90

39. 美、法、墨西哥科学家在研究海洋的海底裂谷各区的热盐水和海底裂隙情况时，发现一种呈块状的海底 ___。进一步的研究，发现它们和多金属软泥一样，都是形成于正在扩张的海底裂谷中。

　A. 褐烟囱　B. 灰烟囱　C. 白烟囱　D. 黑烟囱

40. 海底裂谷是海底地壳最薄的地方，熔融的岩浆不断从地球内部涌出。岩浆既含多种金属，温度又极高。当它们和海水相遇，发生化学反应。其中金属被大量析出，形成多金属软泥。所以，人们又把这种矿床称作 ___。

　A. 海底热液矿床　B. 海底冷液矿床

　C. 海面热液矿床　D. 海洋冷液矿床

二、是非题

1. 镁在海水中的浓度很高，每升高达 1350 毫克，仅次于氯和钠，位居第三。

2. 海平面是平的。

3. 每天海水温度都会随着太阳的辐射而发生变化。

4. 潮起潮落是月亮引力作用的结果。

5. 位于海洋的食物链最底层的是"海洋浮游植物"。

6. 世界上最大的海洋生态保护区在美国。

7. 太平洋中最大的岛屿是新几内亚岛，是世界第一大岛。

8. 大西洋是四大洋中的第二大洋。

9. 在同一温度情况下，淡水比海水蒸发快。

10. 钛是制造高性能战机、宇航飞船外壳的绝好材料，但不能制成记忆合金。

89

测试题答案

一、选择题
1.B 2.B 3.A 4.C 5.C 6.B 7.B 8.C 9.C 10.A
11.C 12.B 13.C 14.B 15.D 16.C 17.A 18.B 19.B 20.B
21.D 22.D 23.C 24.A 25.B 26.C 27.D 28.C 29.A 30.D
31.A 32.B 33.D 34.B 35.D 36.C 37.B 38.A 39.D 40.A

二、是非题
1.(√) 2.(×) 3.(√) 4.(√) 5.(√)
6.(×) 7.(×) 8.(√) 9.(√) 10.(×)

图书在版编目（CIP）数据

海洋开发 / 林俊炯编写 . —上海：少年儿童出版社，
2011.10
（探索未知丛书）
ISBN 978-7-5324-8922-0

Ⅰ.①海... Ⅱ.①林... Ⅲ.①海洋开发—少年读物
Ⅳ.① P74-49
中国版本图书馆 CIP 数据核字（2011）第 219150 号

探索未知丛书

海洋开发

林俊炯 编写

卢 璐 陈 飞 图

卜允台 装帧

责任编辑 黄 蔚 美术编辑 张慈慧
责任校对 陶立新 技术编辑 陆 赟

出版 上海世纪出版股份有限公司少年儿童出版社
地址 200052 上海延安西路 1538 号
发行 上海世纪出版股份有限公司发行中心
地址 200001 上海福建中路 193 号
易文网 www.ewen.cc 少儿网 www.jcph.com
电子邮件 postmaster@jcph.com

印刷 北京一鑫印务有限责任公司
开本 720×980 1/16 印张 6 字数 75 千字
2019 年 4 月第 1 版第 3 次印刷
ISBN 978-7-5324-8922-0/N·944
定价 26.00 元

版权所有 侵权必究
如发生质量问题，读者可向工厂调换